# 建筑工程质量验收检测实用手册

上海建科检验有限公司 组织编写

苗 春 张峥琪 姚玉梅 主 编

中国建筑工业出版社

**图书在版编目（CIP）数据**

建筑工程质量验收检测实用手册／上海建科检验有
限公司组织编写；苗春，张峥琪，姚玉梅主编．—北京：
中国建筑工业出版社，2022.3（2025.1重印）
　ISBN 978-7-112-26941-9

　Ⅰ.①建… Ⅱ.①上…②苗…③张…④姚… Ⅲ.
①建筑工程－工程质量－工程验收－手册 Ⅳ.
① TU712-62

中国版本图书馆 CIP 数据核字（2021）第 248945 号

本书根据作者及其团队多年的工作经验编写而成。全书共分为16章，分别归纳总结了建筑地基基础工程、砌体结构工程、混凝土结构工程、钢结构工程、屋面工程、地下防水工程、建筑装饰装修工程、建筑给水排水及采暖工程、通风与空调工程、建筑电气工程、消防工程、建筑节能工程、建筑结构加固工程、防雷工程、人防工程及园林工程在质量验收时检测项目、检测依据以及检验批次的规定等内容。本书内容精简，实用性强，便于查阅，可供各方在工程质量验收检测过程中提供指导和借鉴。

　　责任编辑：徐仲莉　王砾瑶　范业庶
　　责任校对：张　颖

建筑工程质量验收检测实用手册
上海建科检验有限公司　组织编写
苗　春　张峥琪　姚玉梅　主　编
*
中国建筑工业出版社出版、发行（北京海淀三里河路9号）
各地新华书店、建筑书店经销
北京建筑工业印刷厂制版
建工社（河北）印刷有限公司印刷
*
开本：787毫米×1092毫米　1/16　印张：10¼　字数：230千字
2022年4月第一版　2025年1月第三次印刷
定价：50.00元
ISBN 978-7-112-26941-9
（38721）

**版权所有　翻印必究**
如有印装质量问题，可寄本社图书出版中心退换
（邮政编码 100037）

# 本书编委会

组织编写：上海建科检验有限公司

主　　编：苗　春　张峙琪　姚玉梅

编　　委：王　伶　乔国林　刘　朝　吴　猛　徐海燕

　　　　　林岚荣　施炜俊　姚　伟　华如希　胡跃进

　　　　　孙石峰　杨　辉　刘　雄　谢　丹　王　静

　　　　　张　华　胡红建　刘文逸　徐　颖　纪明祥

　　　　　张　贺　洪　流　王亚军　任彬彬　韩　成

　　　　　杨志刚　孟玲玉

# 前　言

　　建筑工程质量验收规范、标准和相关法规条例是国内建筑工程项目验收的基础和依据。现阶段国内建筑工程领域的相关验收规范、标准等越来越多,不同的规范和标准对验收过程中的相关检测项目、频次等有不同的要求,导致建筑工程项目在推进过程中对检测要求梳理不清,甚至出现验收中资料缺项的情况,影响工程质量和进度,额外增加了检测过程中的沟通成本。为满足建筑工程相关技术人员对建筑工程质量验收过程中第三方检测项目查阅和学习的需要,特编写了这本《建筑工程质量验收检测实用手册》。

　　本书力争从建筑工程验收检测的实际出发,以国家强制性验收规范、设计规范和法规条例为主要依据,结合上海建科检验有限公司在工程检测领域数十年检测经验及监理单位、施工单位等工程相关方的经验和需求,梳理归纳成册。本书主要涉及建筑地基基础工程、砌体结构工程、混凝土结构工程、钢结构工程、屋面工程、地下防水工程、建筑装饰装修工程、建筑给水排水及采暖工程、通风与空调工程、建筑电气工程、消防工程、建筑节能工程、建筑结构加固工程、防雷工程、人防工程、园林工程共16项分部分项工程中的第三方检测项目,内容涵盖各类样品的检测项目、检测依据、检测批次、取样要求和检测类型,实用性强,便于查阅,可供项目各方在工程质量验收过程中提供指导和借鉴。

　　望本书能对建筑工程领域中第三方验收检测有所帮助,提高工程质量。由于编者学识有限,书中难免有疏漏与不足之处,请广大读者批评指正。

# 目 录

# 1 建筑地基基础工程

## 1.1 编制依据

本章以《建筑地基基础工程施工质量验收标准》GB 50202—2018 为主要编制依据，其他引用的编制依据如下：

1. 《建筑地基基础设计规范》GB 50007—2011
2. 《混凝土结构工程施工质量验收规范》GB 50204—2015
3. 《钢结构工程施工质量验收标准》GB 50205—2020
4. 《混凝土外加剂应用技术规范》GB 50119—2013
5. 《钢结构焊接规范》GB 50661—2011
6. 《建筑基桩检测技术规范》JGJ 106—2014
7. 《建筑地基检测技术规范》JGJ 340—2015
8. 《锚杆检测与监测技术规程》JGJ/T 401—2017
9. 《公路工程基桩检测技术规程》JTG/T 3512—2020
10. 《铁路工程基桩检测技术规程》TB 10218—2019
11. 《地基基础设计规范》DGJ 08—11—2018
12. 《基坑工程技术标准》DG/TJ 08—61—2018
13. 《建筑地基与基桩检测技术规程》DG/TJ 08—218—2017
14. 其他相关现行有效标准

## 1.2 主要原材料

### 1.2.1 钢筋、混凝土

检测项目：按《混凝土结构工程施工质量验收规范》GB 50204—2015 的有关规定执行。

检测依据：《建筑地基基础工程施工质量验收标准》GB 50202—2018 中 3.0.8-1 条：钢筋、混凝土等原材料的质量检验应符合设计要求和现行国家标准《混凝土结构工程施工质量验收规范》GB 50204 的规定。

检验批次：详见本手册第 3 章。

检测类型：材料检测。

### 1.2.2 钢材、焊接材料和连接件

检测项目：按《钢结构工程施工质量验收标准》GB 50205—2020 的有关规定执行。

检测依据：《建筑地基基础工程施工质量验收标准》GB 50202—2018 中 3.0.8-2 条：钢材、焊接材料和连接件等原材料及成品的进场、焊接或连接检测应符合设计要求和现行国家标准《钢结构工程施工质量验收标准》GB 50205 的规定。

检验批次：详见本手册第 4 章。

检测类型：材料检测。

### 1.2.3 砂、石子

检测项目：砂：颗粒级配、含泥量、泥块含量、氯离子、贝壳含量、有机质含量；石子：颗粒级配、含泥量、泥块含量、针片状颗粒含量、压碎值、有机质含量。

检测依据：《建筑地基基础工程施工质量验收标准》GB 50202—2018 中 3.0.8-3 条：砂、石子、水泥、石灰、粉煤灰、矿（钢）渣粉等掺合料、外加剂等原材料的质量、检验项目、批量和检验方法，应符合国家现行有关标准的规定。

检验批次：按现行行业标准《普通混凝土用砂、石质量及检验方法标准》JGJ 52 的规定确定，即：同产地、同规格，且≤400m³ 或 600t 的产品，抽样不少于 1 次。

取样要求：砂不少于 40kg/组；石子不少于 100kg/组。

检测类型：材料检测。

### 1.2.4 水泥

检测项目：强度、安定性、凝结时间。

检测依据：《建筑地基基础工程施工质量验收标准》GB 50202—2018 中 3.0.8-3 条：砂、石子、水泥、石灰、粉煤灰、矿（钢）渣粉等掺合料、外加剂等原材料的质量、检验项目、批量和检验方法，应符合国家现行有关标准的规定。

检验批次：按同一厂家、同一品种、同一代号、同一强度等级、同一批号且连续生产的水泥，袋装不超过 200t 为一批，散装不超过 500t 为一批，每批抽样数量不应少于一次。

取样要求：6kg/组。

检测类型：材料检测。

### 1.2.5 石灰

检测项目：石灰粒径、钙镁含量。

检测依据：《建筑地基基础工程施工质量验收标准》GB 50202—2018 中 3.0.8-3 条：砂、石子、水泥、石灰、粉煤灰、矿（钢）渣粉等掺合料、外加剂等原材料的质量、检验项目、批量和检验方法，应符合国家现行有关标准的规定。

检验批次：按同一厂家、同一品种，且单日生产的石灰为一个检验批，每批抽样数量

不应少于1次。

取样要求：5kg/组。

检测类型：材料检测。

## 1.2.6　粉煤灰

检测项目：细度（45μm方孔筛筛余）、安定性（雷氏法）、含水量、需水量比、烧失量、氧化铝、二氧化硅含量。

检测依据：《建筑地基基础工程施工质量验收标准》GB 50202—2018中3.0.8-3条：砂、石子、水泥、石灰、粉煤灰、矿（钢）渣粉等掺合料、外加剂等原材料的质量、检验项目、批量和检验方法，应符合国家现行有关标准的规定。

检验批次：按同一厂家、同一种类、同一等级粉煤灰，不超过200t为一批，每批抽样数量不应少于一次。

取样要求：6kg/组。

检测类型：材料检测。

## 1.2.7　矿粉

检测项目：流动度比、活性指数、含水量（质量分数）、比表面积、密度。

检测依据：《建筑地基基础工程施工质量验收标准》GB 50202—2018中3.0.8-3条：砂、石子、水泥、石灰、粉煤灰、矿（钢）渣粉等掺合料、外加剂等原材料的质量、检验项目、批量和检验方法，应符合国家现行有关标准的规定。

检验批次：按同一厂家、同一等级的矿粉，不超过200t为一批，每批抽样数量不应少于一次。

取样要求：6kg/组。

检测类型：材料检测。

## 1.2.8　外加剂

检测项目：

1.普通型减水剂、高效减水剂、高性能减水剂：减水率、pH值，密度（细度）、含固量（含水率），早强型还应检测1d抗压强度比，缓凝型还应检测凝结时间差；

2.引气剂引气减水剂：pH值，密度（细度）、含固量（含水率）、含气量、含气量经时损失、引气减水剂还应检测减水率；

3.缓凝剂：pH值，密度（细度）、含固量（含水率）、混凝土凝结时间差；

4.泵送剂：pH值，密度（细度）、含固量（含水率）、减水率、混凝土1h坍落度变化值；

5.速凝剂：密度（细度）、水泥净浆初凝时间和终凝时间。

检测依据：《建筑地基基础工程施工质量验收标准》GB 50202—2018中3.0.8-3条：

砂、石子、水泥、石灰、粉煤灰、矿（钢）渣粉等掺合料、外加剂等原材料的质量、检验项目、批量和检验方法，应符合国家现行有关标准的规定。

检验批次：按同一厂家、同一品种、同一性能、同一批号且连续进行的混凝土外加剂，不超过50t为一批，每批抽样数量不应少于一次。

取样要求：不少于0.2t胶凝材料所用的外加剂量。

检测类型：材料检测。

### 1.2.9 混凝土拌合用水

检测项目：pH值、不溶物、可溶物、氯化物、硫酸盐、碱含量、凝结时间差、水泥胶砂抗压强度比。

检测依据：《建筑地基基础工程施工质量验收标准》GB 50202—2018 中 3.0.8-3 条：砂、石子、水泥、石灰、粉煤灰、矿（钢）渣粉等掺合料、外加剂等原材料的质量、检验项目、批量和检验方法，应符合国家现行有关标准的规定。

检验批次：同一水源检查不应少于一次。

取样要求：4L/组。

检测类型：材料检测。

## 1.3 地基工程

### 1.3.1 素土和灰土地基

#### 1.3.1.1 素土、灰土土料
检测项目：土料有机质含量、土颗粒粒径、含水量。

检测依据：《建筑地基基础工程施工质量验收标准》GB 50202—2018 中 4.2.4 条：素土、灰土地基的质量检验标准应符合本标准表4.2.4的规定。

检验批次：每一土源、土质检测应不少于1次，施工过程中每5000m³检测1次。

取样要求：40kg/组。

检测类型：材料检测。

#### 1.3.1.2 素土、灰土土料（现场）
检测项目：压实系数。

检测依据：《建筑地基基础工程施工质量验收标准》GB 50202—2018 中 4.2.4 条：素土、灰土地基的质量检验标准应符合本标准表4.2.4的规定。

检验批次和取样要求：压实系数按1000m²/压实层检测3点。

检测类型：现场检测。

#### 1.3.1.3 素土和灰土地基实体
检测项目：地基承载力（静载试验）。

检测依据：《建筑地基基础工程施工质量验收标准》GB 50202—2018 中 4.1.4 条：素土和灰土地基、砂和砂石地基、土工合成材料地基、粉煤灰地基、强夯地基、注浆地基、预压地基的承载力必须达到设计要求；《建筑地基基础工程施工质量验收标准》GB 50202—2018 中 4.2.3 条：施工结束后，应进行地基承载力检验。

检验批次和取样要求：地基承载力的检验数量每 300m² 不应少于 1 点，超过 3000m² 部分每 500m² 不应少于 1 点。每单位工程不应少于 3 点。除符合以上规定外，尚应符合设计及相关规范的规定。

检测类型：现场检测。

## 1.3.2 砂和砂石地基

### 1.3.2.1 砂、石（现场）

检测项目：压实系数。

检测依据：《建筑地基基础工程施工质量验收标准》GB 50202—2018 中 4.3.4 条：砂和砂石地基的质量检验标准应符合本标准表 4.3.4 的规定。

检验批次和取样要求：压实系数按 1000m²/压实层检测 1 点。

检测类型：现场检测。

### 1.3.2.2 砂和砂石地基实体

检测项目：地基承载力（静载试验）。

检测依据：《建筑地基基础工程施工质量验收标准》GB 50202—2018 中 4.1.4 条：素土和灰土地基、砂和砂石地基、土工合成材料地基、粉煤灰地基、强夯地基、注浆地基、预压地基的承载力必须达到设计要求；《建筑地基基础工程施工质量验收标准》GB 50202—2018 中 4.3.3 条：施工结束后，应进行地基承载力检验。

检验批次和取样要求：地基承载力的检验数量每 300m² 不应少于 1 点，超过 3000m² 部分每 500m² 不应少于 1 点。每单位工程不应少于 3 点。除符合以上规定外，尚应符合设计及相关规范的规定。

检测类型：现场检测。

## 1.3.3 土工合成材料地基

### 1.3.3.1 土工合成材料

检测项目：抗拉强度、延伸率、单位面积质量。

检测依据：《建筑地基基础工程施工质量验收标准》GB 50202—2018 中 4.4.1 条：施工前应检查土工合成材料的单位面积质量、厚度、比重、强度、延伸率以及土、砂石料质量等。

检验批次：同一厂家、同一品种、同一规格的产品作为一个检验批，抽检不少于 1 组。

取样要求：2m²/组。

检测类型：材料检测。

#### 1.3.3.2　土工合成材料地基实体

检测项目：地基承载力（静载试验）。

检测依据：《建筑地基基础工程施工质量验收标准》GB 50202—2018 中 4.1.4 条：素土和灰土地基、砂和砂石地基、土工合成材料地基、粉煤灰地基、强夯地基、注浆地基、预压地基的承载力必须达到设计要求；《建筑地基基础工程施工质量验收标准》GB 50202—2018 中 4.4.3 条：施工结束后，应进行地基承载力检验。

检验批次和取样要求：地基承载力的检验数量每 300m² 不应少于 1 点，超过 3000m² 部分每 500m² 不应少于 1 点。每单位工程不应少于 3 点。除符合以上规定外，尚应符合设计及相关规范的规定。

检测类型：现场检测。

### 1.3.4　粉煤灰地基

#### 1.3.4.1　粉煤灰（现场）

检测项目：压实系数。

检测依据：《建筑地基基础工程施工质量验收标准》GB 50202—2018 中 4.5.4 条：粉煤灰地基质量检验标准应符合本标准表 4.5.4 的规定。

检验批次和取样要求：压实系数按 1000m² 检测 1 点，粉煤灰每种货源检测应不少于 1 次。

检测类型：现场检测。

#### 1.3.4.2　粉煤灰地基实体

检测项目：地基承载力（静载试验）。

检测依据：《建筑地基基础工程施工质量验收标准》GB 50202—2018 中 4.1.4 条：素土和灰土地基、砂和砂石地基、土工合成材料地基、粉煤灰地基、强夯地基、注浆地基、预压地基的承载力必须达到设计要求；《建筑地基基础工程施工质量验收标准》GB 50202—2018 中 4.5.3 条：施工结束后，应进行地基承载力检验。

检验批次和取样要求：地基承载力的检验数量每 300m² 不应少于 1 点，超过 3000m² 部分每 500m² 不应少于 1 点。每单位工程不应少于 3 点。除符合以上规定外，尚应符合设计及相关规范的规定。

检测类型：现场检测。

### 1.3.5　强夯地基

检测项目：地基承载力（静载试验）。

检测依据：《建筑地基基础工程施工质量验收标准》GB 50202—2018 中 4.1.4 条：素土和灰土地基、砂和砂石地基、土工合成材料地基、粉煤灰地基、强夯地基、注浆地基、预压地基的承载力必须达到设计要求；《建筑地基基础工程施工质量验收标准》GB 50202—2018 中 4.6.3 条：施工结束后，应进行地基承载力、地基土的强度、变形指标及其他设计要求指标检验。

检验批次和取样要求：地基承载力的检验数量每 300m² 不应少于 1 点，超过 3000m² 部分每 500m² 不应少于 1 点。每单位工程不应少于 3 点。除符合以上规定外，尚应符合设计及相关规范的规定。

检测类型：现场检测。

## 1.3.6　注浆地基

### 1.3.6.1　注浆用黏土

检测项目：注浆用黏土的塑性指数、黏粒含量、含砂率、有机质含量。

检测依据：《建筑地基基础工程施工质量验收标准》GB 50202—2018 中 4.7.4 条：注浆地基的质量检验标准应符合本标准表 4.7.4 的规定。

检验批次：注浆用黏土应每一土源、土质检测应不少于 1 次，施工过程中每 5000m³ 检测 1 次。

取样要求：40kg/组。

检测类型：材料检测。

### 1.3.6.2　注浆地基实体

检测项目：地基承载力（静载试验）。

检测依据：《建筑地基基础工程施工质量验收标准》GB 50202—2018 中 4.1.4 条：素土和灰土地基、砂和砂石地基、土工合成材料地基、粉煤灰地基、强夯地基、注浆地基、预压地基的承载力必须达到设计要求；《建筑地基基础工程施工质量验收标准》GB 50202—2018 中 4.7.3 条：施工结束后，应进行地基承载力、地基土的强度和变形指标检验。

检验批次和取样要求：地基承载力的检验数量每 300m² 不应少于 1 点，超过 3000m² 部分每 500m² 不应少于 1 点。每单位工程不应少于 3 点。除符合以上规定外，尚应符合设计及相关规范的规定。

检测类型：现场检测。

## 1.3.7　预压地基

检测项目：地基承载力（静载试验）。

检测依据：《建筑地基基础工程施工质量验收标准》GB 50202—2018 中 4.1.4 条：素土和灰土地基、砂和砂石地基、土工合成材料地基、粉煤灰地基、强夯地基、注浆地基、预压地基的承载力必须达到设计要求；《建筑地基基础工程施工质量验收标准》GB 50202—2018 中 4.8.3 条：施工结束后，应进行地基承载力与地基土的强度和变形指标检验。

检验批次和取样要求：地基承载力的检验数量每 300m² 不应少于 1 点，超过 3000m² 部分每 500m² 不应少于 1 点。每单位工程不应少于 3 点。除符合以上规定外，尚应符合设计及相关规范的规定。

检测类型：现场检测。

### 1.3.8 砂石桩复合地基

检测项目：复合地基承载力（静载试验）、桩体密实度（重型动力触探）、桩间土强度（标准贯入试验）。

检测依据：《建筑地基基础工程施工质量验收标准》GB 50202—2018 中 4.1.5 条：砂石桩、高压喷射注浆桩、水泥土搅拌桩、土和灰土挤密桩、水泥粉煤灰碎石桩、夯实水泥土桩等复合地基的承载力必须达到设计要求；《建筑地基基础工程施工质量验收标准》GB 50202—2018 中 4.9.3 条：施工结束后，应进行复合地基承载力、桩体密实度等检验。

检验批次和取样要求：复合地基承载力的检验数量不应少于总桩数的 0.5%，且不应少于 3 点。有单桩承载力或桩身强度检验要求时，检验数量不应少于总桩数的 0.5%，且不应少于 3 根。复合地基中增强体的检验数量不应少于总数的 20%。除符合以上规定外，尚应符合设计及相关规范的规定。

检测类型：现场检测。

### 1.3.9 高压喷射注浆复合地基

检测项目：复合地基承载力（静载试验）、单桩承载力（静载试验）、桩身强度（钻芯法）。

检测依据：《建筑地基基础工程施工质量验收标准》GB 50202—2018 中 4.1.5 条：砂石桩、高压喷射注浆桩、水泥土搅拌桩、土和灰土挤密桩、水泥粉煤灰碎石桩、夯实水泥土桩等复合地基的承载力必须达到设计要求；《建筑地基基础工程施工质量验收标准》GB 50202—2018 中 4.10.3 条：施工结束后，应检验桩体的强度和平均直径，以及单桩与复合地基的承载力等。

检验批次和取样要求：复合地基承载力的检验数量不应少于总桩数的 0.5%，且不应少于 3 点。有单桩承载力或桩身强度检验要求时，检验数量不应少于总桩数的 0.5%，且不应少于 3 根。复合地基中增强体的检验数量不应少于总数的 20%。除符合以上规定外，尚应符合设计及相关规范的规定。

检测类型：现场检测。

### 1.3.10 水泥土搅拌桩复合地基

检测项目：复合地基承载力（静载试验）、单桩承载力（静载试验）、桩身强度（钻芯法）。

检测依据：《建筑地基基础工程施工质量验收标准》GB 50202—2018 中 4.1.5 条：砂石桩、高压喷射注浆桩、水泥土搅拌桩、土和灰土挤密桩、水泥粉煤灰碎石桩、夯实水泥土桩等复合地基的承载力必须达到设计要求；《建筑地基基础工程施工质量验收标准》GB 50202—2018 中 4.11.3 条：施工结束后，应检验桩体的强度和直径，以及单桩与复合地基的承载力等。

检验批次和取样要求：复合地基承载力的检验数量不应少于总桩数的 0.5%，且不应少于 3 点。有单桩承载力或桩身强度检验要求时，检验数量不应少于总桩数的 0.5%，且不应少于 3 根。复合地基中增强体的检验数量不应少于总数的 20%。除符合以上规定外，尚应符合设计及相关规范的规定。

检测类型：现场检测。

## 1.3.11 土和灰土挤密桩复合地基

### 1.3.11.1 土和灰土现场

检测项目：桩体填料平均压实系数、灰土垫层压实系数、含水量。

检测依据：《建筑地基基础工程施工质量验收标准》GB 50202—2018 中 4.12.2 条：施工中应对桩孔直径、桩孔深度、夯击次数、填料的含水量及压实系数等进行检查；《建筑地基基础工程施工质量验收标准》GB 50202—2018 中 4.12.4 条：土和灰土挤密桩复合地基质量检验标准应符合本标准表 4.12.4 的规定。

检验批次和取样要求：压实系数按 1000m³/压实层检测 3 点。土料应每一土源、土质检测应不少于 1 次，施工过程中每 5000m³ 检测 1 次。

检测类型：现场检测。

### 1.3.11.2 土和灰土挤密桩复合地基实体

检测项目：复合地基承载力（静载试验）。

检测依据：《建筑地基基础工程施工质量验收标准》GB 50202—2018 中 4.1.5 条：砂石桩、高压喷射注浆桩、水泥土搅拌桩、土和灰土挤密、水泥粉煤灰碎石桩、夯实水泥土桩等复合地基的承载力必须达到设计要求；《建筑地基基础工程施工质量验收标准》GB 50202—2018 中 4.12.3 条：施工结束后，应检验成桩的质量及复合地基承载力。

检验批次和取样要求：复合地基承载力的检验数量不应少于总桩数的 0.5%，且不应少于 3 点。有单桩承载力或桩身强度检验要求时，检验数量不应少于总桩数的 0.5%，且不应少于 3 根。除符合以上规定外，尚应符合设计及相关规范的规定。

检测类型：现场检测。

## 1.3.12 水泥粉煤灰碎石桩复合地基

检测项目：复合地基承载力（静载试验）、单桩承载力（静载试验）、桩身完整性（低应变检测）。

检测依据：《建筑地基基础工程施工质量验收标准》GB 50202—2018 中 4.1.5 条：砂石桩、高压喷射注浆桩、水泥土搅拌桩、土和灰土挤密桩、水泥粉煤灰碎石桩、夯实水泥土桩等复合地基的承载力必须达到设计要求；《建筑地基基础工程施工质量验收标准》GB 50202—2018 中 4.13.3 条：施工结束后，应对桩体质量、单桩及复合地基承载力进行检验。

检验批次和取样要求：复合地基承载力的检验数量不应少于总桩数的 0.5%，且不应少于 3 点。有单桩承载力或桩身强度检验要求时，检验数量不应少于总桩数的 0.5%，且不应少于 3 根。复合地基中增强体的检验数量不应少于总数的 20%。除符合以上规定外，尚应符合设计及相关规范的规定。

检测类型：现场检测。

### 1.3.13 夯实水泥土桩复合地基

检测项目：复合地基承载力（静载试验）。

检测依据：《建筑地基基础工程施工质量验收标准》GB 50202—2018 中 4.1.5 条：砂石桩、高压喷射注浆桩、水泥土搅拌桩、土和灰土挤密桩、水泥粉煤灰碎石桩、夯实水泥土桩等复合地基的承载力必须达到设计要求；《建筑地基基础工程施工质量验收标准》GB 50202—2018 中 4.14.3 条：施工结束后，应对桩体质量、复合地基承载力及褥垫层夯填度进行检验。

检验批次和取样要求：复合地基承载力的检验数量不应少于总桩数的 0.5%，且不应少于 3 点。有单桩承载力或桩身强度检验要求时，检验数量不应少于总桩数的 0.5%，且不应少于 3 根。除符合以上规定外，尚应符合设计及相关规范的规定。

检测类型：现场检测。

## 1.4 基础工程

### 1.4.1 灌注桩

检测项目：混凝土抗压强度。

检测依据：《建筑地基基础工程施工质量验收标准》GB 50202—2018 中 5.1.3 条：灌注桩混凝土强度检验的试件应在施工现场随机抽取。来自同一搅拌站的混凝土，每浇筑 $50m^3$ 必须至少留置 1 组试件；当混凝土浇筑量不足 $50m^3$ 时，每连续浇筑 12h 必须至少留置 1 组试件。对单柱单桩，每根桩应至少留置 1 组试件。

检验批次：来自同一搅拌站的混凝土，每浇筑 $50m^3$ 必须至少留置 1 组试件；当混凝土浇筑量不足 $50m^3$ 时，每连续浇筑 12h 必须至少留置 1 组试件。对单柱单桩，每根桩应至少留置 1 组试件。

取样要求：100mm×100mm×100mm 或 150mm×150mm×150mm 立方体试件一组三块。

检测类型：材料检测。

### 1.4.2 工程桩

检测项目：承载力、完整性。

检测依据：《建筑地基基础工程施工质量验收标准》GB 50202—2018 中 5.1.5 条：工

程桩应进行承载力和桩身完整性检验。

检验批次和取样要求：1.承载力检测：设计等级为甲级或地质条件复杂时，应采用静载试验的方法对桩基承载力进行检验，检验桩数不应少于总桩数的1%，且不应少于3根，当总桩数少于50根时，不应少于2根。在有经验和对比资料的地区，设计等级为乙级、丙级的桩基可采用高应变法对桩基进行竖向抗压承载力检测，检测数量不应少于总桩数的5%，且不应少于10根；2.完整性检测：工程桩的桩身完整性的抽检数量不应少于总桩数的20%，且不应少于10根。每根柱子承台下的桩抽检数量不应少于1根。除符合以上规定外，尚应符合设计及相关规范的规定。

检测类型：现场检测。

### 1.4.3 钢筋混凝土预制桩

检测项目：承载力（静载试验、高应变法等）、桩身完整性（低应变法）。

检测依据：《建筑地基基础工程施工质量验收标准》GB 50202—2018 中 5.1.5 条：工程桩应进行承载力和桩身完整性检验；《建筑地基基础工程施工质量验收标准》GB 50202—2018 中 5.5.3 条：施工结束后应对承载力及桩身完整性等进行检验。

检验批次和取样要求：1.承载力检测：设计等级为甲级或地质条件复杂时，应采用静载试验的方法对桩基承载力进行检验，检验桩数不应少于总桩数的1%，且不应少于3根，当总桩数少于50根时，不应少于2根。在有经验和对比资料的地区，设计等级为乙级、丙级的桩基可采用高应变法对桩基进行竖向抗压承载力检测，检测数量不应少于总桩数的5%，且不应少于10根；2.完整性检测：工程桩的桩身完整性的抽检数量不应少于总桩数的20%，且不应少于10根。每根柱子承台下的桩抽检数量不应少于1根。除符合以上规定外，尚应符合设计及相关规范的规定。

检测类型：现场检测。

### 1.4.4 泥浆护壁成孔灌注桩

#### 1.4.4.1 灌注桩混凝土

检测项目：混凝土抗压强度。

检测依据：《建筑地基基础工程施工质量验收标准》GB 50202—2018 中 5.6.3 条：施工后应对桩身完整性、混凝土强度及承载力进行检验。

检验批次：来自同一搅拌站的混凝土，每浇筑 50m³ 必须至少留置 1 组试件；当混凝土浇筑量不足 50m³ 时，每连续浇筑 12h 必须至少留置 1 组试件。对单柱单桩，每根桩应至少留置 1 组试件。

取样要求：100mm×100mm×100mm 或 150mm×150mm×150mm 立方体试件一组三块。

检测类型：材料检测。

#### 1.4.4.2 泥浆护壁成孔灌注桩实体

检测项目：承载力（静载试验）、桩身完整性（钻芯法、低应变法、声波透射法）。

检测依据：《建筑地基基础工程施工质量验收标准》GB 50202—2018 中 5.1.5 条：工程桩应进行承载力和桩身完整性检验；《建筑地基基础工程施工质量验收标准》GB 50202—2018 中 5.6.3 条：施工后应对桩身完整性、混凝土强度及承载力进行检验。

检验批次和取样要求：1. 承载力检测：设计等级为甲级或地质条件复杂时，应采用静载试验的方法对桩基承载力进行检验，检验桩数不应少于总桩数的 1%，且不应少于 3 根，当总桩数少于 50 根时，不应少于 2 根。在有经验和对比资料的地区，设计等级为乙级、丙级的桩基可采用高应变法对桩基进行竖向抗压承载力检测，检测数量不应少于总桩数的 5%，且不应少于 10 根；2. 完整性检测：工程桩的桩身完整性的抽检数量不应少于总桩数的 20%，且不应少于 10 根。每根柱子承台下的桩抽检数量不应少于 1 根。除符合以上规定外，尚应符合设计及相关规范的规定。

检测类型：现场检测。

## 1.4.5 干作业成孔灌注桩

### 1.4.5.1 灌注桩混凝土

检测项目：混凝土抗压强度。

检测依据：《建筑地基基础工程施工质量验收标准》GB 50202—2018 中 5.7.3 条：施工结束后应检验桩的承载力、桩身完整性及混凝土的强度。

检验批次：来自同一搅拌站的混凝土，每浇筑 50m³ 必须至少留置 1 组试件；当混凝土浇筑量不足 50m³ 时，每连续浇筑 12h 必须至少留置 1 组试件。对单柱单桩，每根桩应至少留置 1 组试件。

取样要求：100mm×100mm×100mm 或 150mm×150mm×150mm 立方体试件一组三块。

检测类型：材料检测。

### 1.4.5.2 干作业成孔灌注桩实体

检测项目：承载力（静载试验）、桩身完整性（钻芯法、低应变法、声波透射法）。

检测依据：《建筑地基基础工程施工质量验收标准》GB 50202—2018 中 5.1.5 条：工程桩应进行承载力和桩身完整性检验；《建筑地基基础工程施工质量验收标准》GB 50202—2018 中 5.7.3 条：施工结束后应检验桩的承载力、桩身完整性及混凝土的强度。

检验批次和取样要求：1. 承载力检测：设计等级为甲级或地质条件复杂时，应采用静载试验的方法对桩基承载力进行检验，检验桩数不应少于总桩数的 1%，且不应少于 3 根，当总桩数少于 50 根时，不应少于 2 根。在有经验和对比资料的地区，设计等级为乙级、丙级的桩基可采用高应变法对桩基进行竖向抗压承载力检测，检测数量不应少于总桩数的 5%，且不应少于 10 根；2. 完整性检测：工程桩的桩身完整性的抽检数量不应少于总桩数的 20%，且不应少于 10 根。每根柱子承台下的桩抽检数量不应少于 1 根。除符合以上规定外，尚应符合设计及相关规范的规定。

检测类型：现场检测。

## 1.4.6　长螺旋钻孔压灌桩

### 1.4.6.1　压灌桩混凝土

检测项目：混凝土抗压强度。

检测依据：《建筑地基基础工程施工质量验收标准》GB 50202—2018 中 5.8.3 条：施工结束后应对混凝土的强度、桩身完整性及承载力进行检验。

检验批次：来自同一搅拌站的混凝土，每浇筑 50m³ 必须至少留置 1 组试件；当混凝土浇筑量不足 50m³ 时，每连续浇筑 12h 必须至少留置 1 组试件。对单柱单桩，每根桩应至少留置 1 组试件。

取样要求：100mm×100mm×100mm 或 150mm×150mm×150mm 立方体试件一组三块。

检测类型：材料检测。

### 1.4.6.2　长螺旋钻孔压灌桩实体

检测项目：承载力（静载试验）、桩身完整性（低应变法）、桩长（钻芯法、低应变法）。

检测依据：《建筑地基基础工程施工质量验收标准》GB 50202—2018 中 5.1.5 条：工程桩应进行承载力和桩身完整性检验；《建筑地基基础工程施工质量验收标准》GB 50202—2018 中 5.8.3 条：施工结束后应对混凝土的强度、桩身完整性及承载力进行检验。

检验批次和取样要求：1.承载力检测：设计等级为甲级或地质条件复杂时，应采用静载试验的方法对桩基承载力进行检验，检验桩数不应少于总桩数的 1%，且不应少于 3 根，当总桩数少于 50 根时，不应少于 2 根。在有经验和对比资料的地区，设计等级为乙级、丙级的桩基可采用高应变法对桩基进行竖向抗压承载力检测，检测数量不应少于总桩数的 5%，且不应少于 10 根；2.完整性检测：工程桩的桩身完整性的抽检数量不应少于总桩数的 20%，且不应少于 10 根。每根柱子承台下的桩抽检数量不应少于 1 根。除符合以上规定外，尚应符合设计及相关规范的规定。

检测类型：现场检测。

## 1.4.7　沉管灌注桩

### 1.4.7.1　沉管灌注桩混凝土

检测项目：混凝土抗压强度。

检测依据：《建筑地基基础工程施工质量验收标准》GB 50202—2018 中 5.9.3 条：施工结束后应对混凝土的强度、桩身完整性及承载力进行检验。

检验批次：来自同一搅拌站的混凝土，每浇筑 50m³ 必须至少留置 1 组试件；当混凝土浇筑量不足 50m³ 时，每连续浇筑 12h 必须至少留置 1 组试件。对单柱单桩，每根桩应至少留置 1 组试件。

取样要求：100mm×100mm×100mm 或 150mm×150mm×150mm 立方体试件一组三块。

检测类型：材料检测。

### 1.4.7.2 沉管灌注桩实体

检测项目：承载力（静载试验）、桩身完整性（低应变法）、桩长（钻芯法、低应变法）。

检测依据：《建筑地基基础工程施工质量验收标准》GB 50202—2018 中 5.1.5 条：工程桩应进行承载力和桩身完整性检验；《建筑地基基础工程施工质量验收标准》GB 50202—2018 中 5.9.3 条：施工结束后应对混凝土的强度、桩身完整性及承载力进行检验。

检验批次和取样要求：1. 承载力检测：设计等级为甲级或地质条件复杂时，应采用静载试验的方法对桩基承载力进行检验，检验桩数不应少于总桩数的 1%，且不应少于 3 根，当总桩数少于 50 根时，不应少于 2 根。在有经验和对比资料的地区，设计等级为乙级、丙级的桩基可采用高应变法对桩基进行竖向抗压承载力检测，检测数量不应少于总桩数的 5%，且不应少于 10 根；2. 完整性检测：工程桩的桩身完整性的抽检数量不应少于总桩数的 20%，且不应少于 10 根。每根柱子承台下的桩抽检数量不应少于 1 根。除符合以上规定外，尚应符合设计及相关规范的规定。

检测类型：现场检测。

## 1.4.8 钢桩

### 1.4.8.1 钢桩接桩检测

检测项目：焊缝（咬边深度、加强层高度、宽度）、焊缝电焊质量外观、焊缝探伤检验。

检测依据：《建筑地基基础工程施工质量验收标准》GB 50202—2018 中 5.10.2-2 条：电焊质量除应进行常规检查外，尚应做 10% 的焊缝探伤检查。

检验批次和取样要求：焊缝检测频率按 GB 50205 中的相关规定制定，焊缝探伤比例为 10%。

检测类型：现场检测。

### 1.4.8.2 钢桩实体

检测项目：承载力（静载试验、高应变法）。

检测依据：《建筑地基基础工程施工质量验收标准》GB 50202—2018 中 5.1.5 条：工程桩应进行承载力和桩身完整性检验；《建筑地基基础工程施工质量验收标准》GB 50202—2018 中 5.10.3 条：施工结束后应进行承载力检验。

检验批次和取样要求：设计等级为甲级或地质条件复杂时，应采用静载试验的方法对桩基承载力进行检验，检验桩数不应少于总桩数的 1%，且不应少于 3 根，当总桩数少于 50 根时，不应少于 2 根。在有经验和对比资料的地区，设计等级为乙级、丙级的桩基可采用高应变法对桩基进行竖向抗压承载力检测，检测数量不应少于总桩数的 5%，且不应少于 10 根。

检测类型：现场检测。

### 1.4.9　锚杆静压桩

检测项目：承载力（静载试验、高应变法）、混凝土强度（钻芯法）。

检测依据：《建筑地基基础工程施工质量验收标准》GB 50202—2018 中 5.1.5 条：工程桩应进行承载力和桩身完整性检验；《建筑地基基础工程施工质量验收标准》GB 50202—2018 中 5.11.3 条：施工结束后应进行桩的承载力检验。

检验批次和取样要求：设计等级为甲级或地质条件复杂时，应采用静载试验的方法对桩基承载力进行检验，检验桩数不应少于总桩数的 1%，且不应少于 3 根，当总桩数少于 50 根时，不应少于 2 根。在有经验和对比资料的地区，设计等级为乙级、丙级的桩基可采用高应变法对桩基进行竖向抗压承载力检测，检测数量不应少于总桩数的 5%，且不应少于 10 根。

检测类型：现场检测。

### 1.4.10　沉井与沉箱

检测项目：砂垫层地基承载力。

检测依据：《建筑地基基础工程施工质量验收标准》GB 50202—2018 中 5.13.1 条：沉井与沉箱施工前应对砂垫层的地基承载力进行检验。

检验批次和取样要求：地基承载力的检验数量每 300m² 不应少于 1 点，超过 3000m² 部分每 500m² 不应少于 1 点。每单位工程不应少于 3 点。除符合以上规定外，尚应符合设计及相关规范的规定。

检测类型：现场检测。

## 1.5　基坑支护工程

### 1.5.1　排桩

#### 1.5.1.1　混凝土

检测项目：混凝土强度、混凝土抗渗等级。

检测依据：《建筑地基基础工程施工质量验收标准》GB 50202—2018 中 7.2.5 条：灌注桩混凝土强度检验的试件应在施工现场随机抽取。有抗渗等级要求的灌注桩尚应留置抗渗等级检测试件，一个级配不宜少于 3 组。

检验批次：灌注桩每浇筑 50m³ 必须至少留置 1 组混凝土强度试件，单桩不足 50m³ 的桩，每连续浇筑 12h 必须至少留置 1 组混凝土强度试件。有抗渗等级要求的灌注桩尚应留置抗渗等级检测试件，一个级配不宜少于 3 组。

取样要求：抗压试块 100mm×100mm×100mm 或 150mm×150mm×150mm 立方体试件一组三块，抗渗试块 6 块/组。

检测类型：材料检测。

### 1.5.1.2 灌注桩排桩

检测项目：孔深、孔径、垂直度、沉渣厚度、桩身完整性（低应变法）、混凝土强度（钻芯法）。

检测依据：《建筑地基基础工程施工质量验收标准》GB 50202—2018 中 7.2.4 条：灌注桩排桩应采用低应变法检测桩身完整性，检测桩数不宜少于总桩数的 20%，且不得少于 5 根。采用桩墙合一时，低应变法检测桩身完整性的检测数量应为总桩数的 100%；采用声波透射法检测的灌注桩排桩数量不应低于总桩数的 10%，且不应少于 3 根。当根据低应变法或声波透射法判定的桩身完整性为Ⅲ类、Ⅳ类时，应采用钻芯法进行验证。

检验批次和取样要求：灌注桩排桩应采用低应变法检测桩身完整性，检测桩数不宜少于总桩数的 20%，且不得少于 5 根。采用桩墙合一时，低应变法检测桩身完整性的检测数量应为总桩数的 100%；采用声波透射法检测的灌注桩排桩数量不应低于总桩数的 10%，且不应少于 3 根。

检测类型：现场检测。

### 1.5.1.3 截水帷幕

检测项目：桩身强度（钻芯法）。

检测依据：《建筑地基基础工程施工质量验收标准》GB 50202—2018 中 7.2.7 条：基坑开挖前截水帷幕的强度指标应满足设计要求，强度检测宜采用钻芯法。

检验批次：截水帷幕采用单轴水泥土搅拌桩、双轴水泥土搅拌桩、三轴水泥土搅拌桩、高压喷射注浆时，取芯数量不宜少于总桩数的 1%，且不应少于 3 根。截水帷幕采用渠式切割水泥土连续墙时，取芯数量宜沿基坑周边每 50 延米取 1 个点，且不应少于 3 个。

取样要求：$\phi$100mm 或符合标准要求的其他尺寸芯样。

检测类型：现场检测。

## 1.5.2 型钢水泥土搅拌墙

### 1.5.2.1 H型钢

检测项目：焊缝质量。

检测依据：《建筑地基基础工程施工质量验收标准》GB 50202—2018 中 7.5.2 条：焊接 H 型钢焊缝质量应符合设计要求和国家现行标准《钢结构焊接规范》GB 50661 和《焊接 H 型钢》YB/T 3301 的规定。

检验批次和取样要求：焊缝检测频率按 GB 50205 中的相关规定制定。

检测类型：现场检测。

### 1.5.2.2 水泥土桩（墙）体强度

检测项目：桩身强度（钻芯法）。

检测依据：《建筑地基基础工程施工质量验收标准》GB 50202—2018 中 7.5.3 条：基坑开挖前应检验水泥土桩（墙）体强度，强度指标应符合设计要求。

检验批次：墙体强度宜采用钻芯法确定，三轴水泥土搅拌桩抽检数量不应少于总桩数的 2%，且不得少于 3 根；渠式切割水泥土连续墙抽检数量每 50 延米不应少于 1 个取芯点，且不得少于 3 个。

取样要求：$\phi$100mm 或符合标准要求的其他尺寸芯样。

检测类型：现场检测。

### 1.5.3　土钉墙

检测项目：抗拔承载力（土钉抗拔试验）。

检测依据：《建筑地基基础工程施工质量验收标准》GB 50202—2018 中 7.6.3 条：土钉应进行抗拔承载力检验，检验数量不宜少于土钉总数的 1%，且同一土层中的土钉检验数量不应小于 3 根。

检验批次和取样要求：检验数量不宜少于土钉总数的 1%，且同一土层中的土钉检验数量不应小于 3 根。除符合以上规定外，尚应符合设计及相关规范的规定。

检测类型：现场检测。

### 1.5.4　地下连续墙

#### 1.5.4.1　预埋钢筋接驳器

检测项目：外观、尺寸、抗拉强度。

检测依据：《建筑地基基础工程施工质量验收标准》GB 50202—2018 中 7.7.3 条：兼作永久结构的地下连续墙，其与地下结构底板、梁及楼板之间连接的预埋钢筋接驳器应按原材料检验要求进行抽样复验。

检验批次：取每 500 套为一个检验批，每批应抽查 3 件。

取样要求：3 件/组。

检测类型：材料检测。

#### 1.5.4.2　混凝土

检测项目：混凝土强度、混凝土抗渗等级。

检测依据：《建筑地基基础工程施工质量验收标准》GB 50202—2018 中 7.7.4 条：混凝土抗压强度和抗渗等级应符合设计要求。

检验批次：墙身混凝土抗压强度试块每 100m³ 混凝土不应少于 1 组，且每幅槽段不应少于 1 组。墙身混凝土抗渗试块每 5 幅槽段不应少于 1 组。

取样要求：抗压试块 100mm×100mm×100mm 或 150mm×150mm×150mm 立方体试件一组三块，抗渗试块 6 块/组。

检测类型：材料检测。

#### 1.5.4.3　地下连续墙实体

检测项目：墙体强度（钻芯法）、槽壁垂直度、槽段深度、槽段宽度、沉渣厚度、墙体质量（声波透射法）。

检测依据：《建筑地基基础工程施工质量验收标准》GB 50202—2018 中 7.7.5 条：作为永久结构的地下连续墙墙体施工结束后，应采用声波透射法对墙体质量进行检验，同类型槽段的检验数量不应少于 10%，且不得少于 3 幅。

检验批次和取样要求：同类型槽段的检验数量不应少于 10%，且不得少于 3 幅。

检测类型：现场检测。

### 1.5.5　重力式水泥土墙

检测项目：桩身强度（钻芯法）。

检测依据：《建筑地基基础工程施工质量验收标准》GB 50202—2018 中 7.8.2 条：水泥土搅拌桩的桩身强度应满足设计要求，强度检测宜采用钻芯法。

检验批次：取芯数量不宜少于总桩数的 1%，且不得少于 6 根。除符合以上规定外，尚应符合设计及相关规范的规定。

取样要求：$\phi 100mm$ 或符合标准要求的其他尺寸芯样。

检测类型：现场检测。

### 1.5.6　土体加固

#### 1.5.6.1　水泥土搅拌桩、高压喷射注浆等土体加固

检测项目：桩身强度（钻芯法）。

检测依据：《建筑地基基础工程施工质量验收标准》GB 50202—2018 中 7.9.2 条：采用水泥土搅拌桩、高压喷射注浆等土体加固的桩身强度应满足设计要求，强度检测宜采用钻芯法。

检验批次：取芯数量不宜少于总桩数的 0.5%，且不得少于 3 根。

取样要求：$\phi 100mm$ 或符合标准要求的其他尺寸芯样。

检测类型：现场检测。

#### 1.5.6.2　注浆法加固

检测项目：静力触探、动力触探、标准贯入。

检测依据：《建筑地基基础工程施工质量验收标准》GB 50202—2018 中 7.9.3 条：注浆法加固结束 28d 后，宜采用静力触探、动力触探、标准贯入等原位测试方法对加固土层进行检验。

检验批次和取样要求：检验点的位置应根据注浆加固布置和现场条件确定，每 $200m^2$ 检测数量不应少于 1 点，且总数量不应少于 5 点。

检测类型：现场检测。

### 1.5.7　锚杆

检测项目：抗拔承载（锚杆抗拔试验）。

检测依据：《建筑地基基础工程施工质量验收标准》GB 50202—2018 中 7.11.3 条：锚

杆应进行抗拔承载力检验，检验数量不宜少于锚杆总数的 5%，且同一土层中的锚杆检验数量不应少于 3 根。

检验批次和取样要求：检验数量不宜少于锚杆总数的 5%，且同一土层中的锚杆检验数量不应少于 3 根。

检测类型：现场检测。

### 1.5.8　与主体结构相结合的基坑支护

#### 1.5.8.1　支承桩

检测项目：桩身完整性（声波透射法、钻芯法、低应变法）。

检测依据：《建筑地基基础工程施工质量验收标准》GB 50202—2018 中 7.12.3 条：支承桩施工结束后，应采用声波透射法、钻芯法或低应变法进行桩身完整性检验。

检验批次和取样要求：检验总数量不应少于总桩数的 10%，且不应少于 10 根。

检测类型：现场检测。

#### 1.5.8.2　钢管混凝土支承柱

检测项目：柱体质量（低应变法）。

检测依据：《建筑地基基础工程施工质量验收标准》GB 50202—2018 中 7.12.4 条：钢管混凝土支承柱在基坑开挖后应采用低应变法检验柱体质量。

检验批次和取样要求：检验数量应为 100%。当发现立柱有缺陷时，应采用声波透射法或钻芯法进行验证。

检测类型：现场检测。

## 1.6　土石方工程和边坡工程

### 1.6.1　土石方回填

检测项目：回填土有机质含量、含水量、分层压实系数。

检测依据：《建筑地基基础工程施工质量验收标准》GB 50202—2018 中 9.5.2 条：施工中应检查排水系统，每层填筑厚度、辗迹重叠程度、含水量控制、回填土有机质含量、压实系数等。

检验批次和取样要求：土料应每一土源、土质检测应不少于 1 次，施工过程中每 5000m³ 检测 1 次。

检测类型：材料检测。

### 1.6.2　喷锚支护

检测项目：锚杆承载力。

检测依据：《建筑地基基础工程施工质量验收标准》GB 50202—2018 中 10.2.4 条：施

工结束后应进行锚杆验收试验。试验的数量应为锚杆总数的 5%，且不应少于 5 根。同时应检验预应力锚杆（索）锚固后的外露长度。预应力锚杆（索）拉张的时间应按照设计要求，当无设计要求时应待注浆固结体强度达到设计强度的 90% 后再进行张拉。

检验批次和取样要求：试验的数量应为锚杆总数的 5%，且不应少于 5 根。

检测类型：现场检测。

# 2 砌体结构工程

## 2.1 编制依据

本章以《砌体结构工程施工质量验收规范》GB 50203—2011 为主要编制依据,其他引用的编制依据如下:

1.《预拌砂浆应用技术标准》DG/TJ 08—502—2020

2.《普通混凝土小型砌块》GB/T 8239—2014

3.《蒸压加气混凝土砌块》GB/T 11968—2020

4.《烧结多孔砖和多孔砌块》GB 13544—2011

5.《轻集料混凝土小型空心砌块》GB/T 15229—2011

6.《混凝土实心砖》GB/T 21144—2007

7.《承重混凝土多孔砖》GB 25779—2010

8.《预拌砂浆》GB/T 25181—2019

9.《蒸压加气混凝土墙体专用砂浆》JC/T 890—2017

10.《混凝土界面处理剂》JC/T 907—2018

11.其他相关现行有效标准

## 2.2 预拌砂浆

### 2.2.1 预拌砂浆进场检验

#### 2.2.1.1 干混普通砌筑砂浆

检测项目:保水率、抗压强度。

检测依据:《预拌砂浆应用技术标准》DG/TJ 08—502—2020 中 5.1.4 条:预拌砂浆外观、稠度检验合格后,应按本技术标准表 5.1.4 的规定进行复验。

检验批次:同一生产厂家、同一品种、同一等级、同一批号且连续进场的干混砂浆,每 500t 为一批;不足 500t 时,应按一个检验批计。

取样要求:25kg/组。

检测类型:材料检测。

#### 2.2.1.2 普通抹灰砂浆

检测项目:保水率、抗压强度、拉伸粘结强度。

检测依据：《预拌砂浆应用技术标准》DG/TJ 08—502—2020 中 5.1.4 条：预拌砂浆外观、稠度检验合格后，应按本技术标准表 5.1.4 的规定进行复验。

检验批次：同一生产厂家、同一品种、同一等级、同一批号且连续进场的干混砂浆，每 500t 为一批；不足 500t 时，应按一个检验批计。

取样要求：25kg/组。

检测类型：材料检测。

### 2.2.1.3 机械喷涂抹灰砂浆

检测项目：保水率、抗压强度、拉伸粘结强度、压力泌水率。

检测依据：《预拌砂浆应用技术标准》DG/TJ 08—502—2020 中 5.1.4 条：预拌砂浆外观、稠度检验合格后，应按本技术标准表 5.1.4 的规定进行复验。

检验批次：同一生产厂家、同一品种、同一等级、同一批号且连续进场的干混砂浆，每 500t 为一批；不足 500t 时，应按一个检验批计。

取样要求：25kg/组。

检测类型：材料检测。

### 2.2.1.4 干混普通地面砂浆

检测项目：保水率、抗压强度。

检测依据：《预拌砂浆应用技术标准》DG/TJ 08—502—2020 中 5.1.4 条：预拌砂浆外观、稠度检验合格后，应按本技术标准表 5.1.4 的规定进行复验。

检验批次：同一生产厂家、同一品种、同一等级、同一批号且连续进场的干混砂浆，每 500t 为一批；不足 500t 时，应按一个检验批计。

取样要求：25kg/组。

检测类型：材料检测。

### 2.2.1.5 干混普通防水砂浆

检测项目：保水率、抗压强度、抗渗压力、拉伸粘结强度。

检测依据：《预拌砂浆应用技术标准》DG/TJ 08—502—2020 中 5.1.4 条：预拌砂浆外观、稠度检验合格后，应按本技术标准表 5.1.4 的规定进行复验。

检验批次：同一生产厂家、同一品种、同一等级、同一批号且连续进场的干混砂浆，每 500t 为一批；不足 500t 时，应按一个检验批计。

取样要求：25kg/组。

检测类型：材料检测。

### 2.2.1.6 干混薄层砌筑砂浆

检测项目：保水率、抗压强度。

检测依据：《预拌砂浆应用技术标准》DG/TJ 08—502—2020 中 5.1.4 条：预拌砂浆外观、稠度检验合格后，应按本技术标准表 5.1.4 的规定进行复验。

检验批次：同一生产厂家、同一品种、同一等级、同一批号且连续进场的干混砂浆，每 200t 为一批；不足 200t 时，应按一个检验批计。

取样要求：25kg/组。

检测类型：材料检测。

### 2.2.1.7 干混薄层抹灰砂浆

检测项目：保水率、抗压强度、拉伸粘结强度。

检测依据：《预拌砂浆应用技术标准》DG/TJ 08—502—2020 中 5.1.4 条：预拌砂浆外观、稠度检验合格后，应按本技术标准表 5.1.4 的规定进行复验。

检验批次：同一生产厂家、同一品种、同一等级、同一批号且连续进场的干混砂浆，每 200t 为一批；不足 200t 时，应按一个检验批计。

取样要求：25kg/组。

检测类型：材料检测。

### 2.2.1.8 干混界面砂浆

检测项目：拉伸粘结强度。

检测依据：《预拌砂浆应用技术标准》DG/TJ 08—502—2020 中 5.1.4 条：预拌砂浆外观、稠度检验合格后，应按本技术标准表 5.1.4 的规定进行复验。

检验批次：同一生产厂家、同一品种、同一等级、同一批号且连续进场的干混砂浆，每 50t 为一批；不足 50t 时，应按一个检验批计。

取样要求：10kg/组。

检测类型：材料检测。

### 2.2.1.9 轻质保温砌筑砂浆

检测项目：保水率、抗压强度、干密度、导热系数。

检测依据：《预拌砂浆应用技术标准》DG/TJ 08—502—2020 中 5.1.4 条：预拌砂浆外观、稠度检验合格后，应按本技术标准表 5.1.4 的规定进行复验。

检验批次：同一生产厂家、同一品种、同一等级、同一批号且连续进场的干混砂浆，每 125t 为一批；不足 125t 时，应按一个检验批计。

取样要求：25kg/组。

检测类型：材料检测。

## 2.2.2 预拌砂浆施工质量验收

### 2.2.2.1 砌筑砂浆

检测项目：立方体试块 28d 抗压强度，轻质保温砌筑砂浆还应检测干密度和导热系数。

检测依据：《预拌砂浆应用技术标准》DG/TJ 08—502—2020 中 7.2.1 条：对同品种、同强度等级的砌筑砂浆、干混普通砌筑砂浆应以 100t 为一个检验批，干混薄层砌筑砂浆和轻质保温砌筑砂浆应以 50t 为一个检验批；《预拌砂浆应用技术标准》DG/TJ 08—502—2020 中 7.2.2 条：每检验批应至少留置一组抗压强度试块；《预拌砂浆应用技术标准》DG/TJ 08—502—2020 中 7.2.3-2 条：同一验收批砂浆抗压强度试块不应少于 3 组。

检验批次：对同品种、同强度等级的砌筑砂浆、干混普通砌筑砂浆应以 100t 为一个检验批，干混薄层砌筑砂浆和轻质保温砌筑砂浆应以 50t 为一个检验批。

取样要求：70.7mm×70.7mm×70.7mm 立方体，3 块/组。

检测类型：材料检测。

#### 2.2.2.2 抹灰砂浆

检测项目：立方体试块 28d 抗压强度。

检测依据：《预拌砂浆应用技术标准》DG/TJ 08—502—2020 中 7.3.6 条：对同一品种、同一强度等级的抹灰砂浆每检验批且不超过 1000m² 应至少留置一组抗压强度试块。

检验批次：对同一品种、同一强度等级的抹灰砂浆每检验批且不超过 1000m² 应至少留置一组抗压强度试块。

取样要求：70.7mm×70.7mm×70.7mm 立方体，3 块/组。

检测类型：材料检测。

备注：根据《预拌砂浆应用技术标准》DG/TJ 08—502—2020 中 7.3.8 条和 7.3.9 条的规定，当内墙抹灰工程中的抗压强度检验不合格时，应在现场对内墙抹灰层进行拉伸粘结强度检测，并以其检测结果为准；当外墙或顶棚抹灰施工中抗压强度检验不合格时，应对外墙和顶棚抹灰砂浆加倍取样进行拉伸粘结强度检测，并以其检测结果为准；室外和顶棚抹灰砂浆拉伸粘结强度检测时，相同砂浆品种、强度等级和施工工艺的抹灰工程每 5000m² 应划为一个检验批，每个检验批应取一组试件进行检测，不足 5000m² 时，也应取一组。

#### 2.2.2.3 地面砂浆

检测项目：立方体试块 28d 抗压强度。

检测依据：《预拌砂浆应用技术标准》DG/TJ 08—502—2020 中 7.4.7 条：对同一品种、同一强度等级的地面砂浆，每检验批且不超过 1000m² 应至少留置 1 组抗压强度试块。

检验批次：对同一品种、同一强度等级的地面砂浆，每检验批且不超过 1000m² 应至少留置 1 组抗压强度试块。

取样要求：70.7mm×70.7mm×70.7mm 立方体，3 块/组。

检测类型：材料检测。

## 2.3 砌体工程

### 2.3.1 混凝土实心砖、烧结普通砖

检测项目：强度等级。

检测依据：《砌体结构工程施工质量验收规范》GB 50203—2011 中 5.2.1 条：砖和砂浆的强度等级必须符合设计要求。

检验批次：同一生产厂家，每 15 万块为一验收批；不足 15 万块时按 1 批计，抽检数量为 1 组。

取样要求：10 块/组。

检测类型：材料检测。

## 2.3.2 烧结多孔砖、混凝土多孔砖、混凝土空心砖、蒸压灰砂砖、蒸压粉煤灰砖

检测项目：强度等级。

检测依据：《砌体结构工程施工质量验收规范》GB 50203—2011 中 5.2.1 条：砖和砂浆的强度等级必须符合设计要求。

检验批次：同一生产厂家，每 10 万块为一验收批；不足 10 万块时按 1 批计，抽检数量为 1 组。

取样要求：10 块/组。

检测类型：材料检测。

## 2.3.3 混凝土小型空心砌块、轻集料混凝土小型空心砌块

检测项目：强度等级。

检测依据：《砌体结构工程施工质量验收规范》GB 50203—2011 中 6.2.1 条：小砌块和芯柱混凝土、砌筑砂浆的强度等级必须符合设计要求。

检验批次：同一生产厂家，每 1 万块小砌块为一验收批，不足 1 万块按一批计，抽检数量为 1 组；用于多层以上建筑的基础和底层的小砌块抽检数量不应少于 2 组。

取样要求：10 块/组。

检测类型：材料检测。

## 2.3.4 蒸压加气混凝土砌块

检测项目：强度等级、干密度。

检测依据：《砌体结构工程施工质量验收规范》GB 50203—2011 中 9.2.1 条：烧结空心砖、小砌块和砌筑砂浆的强度等级应符合设计要求。

检验批次：同一品种、同一规格、同一等级的砌块，每 1 万块蒸压加气混凝土砌块为一验收批，不足 1 万块按一批计，抽检数量为 1 组。

取样要求：6 块/组。

检测类型：材料检测。

# 3 混凝土结构工程

## 3.1 编制依据

本章以《混凝土结构工程施工质量验收规范》GB 50204—2015 为主要编制依据，其他引用的编制依据如下：

1.《混凝土结构设计规范》GB 50010—2010
2.《通用硅酸盐水泥》GB 175—2007
3.《钢筋混凝土用钢 第 1 部分：热轧光圆钢筋》GB/T 1499.1—2017
4.《钢筋混凝土用钢 第 2 部分：热轧带肋钢筋》GB/T 1499.2—2018
5.《钢筋混凝土用钢 第 3 部分：钢筋焊接网》GB/T 1499.3—2010
6.《混凝土外加剂》GB 8076—2008
7.《用于水泥和混凝土中的粉煤灰》GB/T 1596—2017
8.《用于水泥、砂浆和混凝土中的粒化高炉矿渣粉》GB/T 18046—2017
9.《混凝土外加剂应用技术规范》GB 50119—2013
10.《水泥基灌浆材料应用技术规范》GB/T 50448—2015
11.《钢筋焊接及验收规程》JGJ 18—2012
12.《普通混凝土用砂、石质量及检验方法标准》JGJ 52—2006
13.《混凝土用水标准》JGJ 63—2006
14.《预应力筋用锚具、夹具和连接器应用技术规程》JGJ 85—2010
15.《钢筋机械连接技术规程》JGJ 107—2016
16.《混凝土中氯离子含量检测技术规程》JGJ/T 322—2013
17.《钢筋套筒灌浆连接应用技术规程》JGJ 355—2015
18.《装配整体式混凝土建筑检测技术标准》DG/TJ 08—2252—2018
19.《关于加强施工现场安全防护用品管理的通知》（沪建管（2015）936 号）
20.《关于加强本市建筑用砂管理的暂行意见》（沪建建材联〔2020〕81 号）
21. 其他相关现行有效标准

## 3.2　主要原材料

### 3.2.1　钢筋、钢材

#### 3.2.1.1　热轧光圆钢筋、热轧带肋钢筋、钢筋混凝土用钢筋焊接网

检测项目：屈服强度、抗拉强度、伸长率、弯曲性能和重量偏差。

检测依据：《混凝土结构工程施工质量验收规范》GB 50204—2015 中 5.2.1 条：钢筋进场时，应按国家现行相关标准的规定抽取试件做屈服强度、抗拉强度、伸长率、弯曲性能和重量偏差检验，检验结果应符合相应标准的规定。

检验批次：同厂家、同牌号、同炉罐号、同规格，且不大于 60t 的产品，抽检不少于 1 组。

取样要求：热轧光圆钢筋：550mm 长，17 根/组；热轧带肋钢筋：带 E 钢筋 550mm 长，14 根/组，不带 E 钢筋 550mm 长，17 根/组；钢筋混凝土用钢筋焊接网：1000mm×1000mm，1 片/组。

检测类型：材料检测。

#### 3.2.1.2　成型钢筋

检测项目：屈服强度、抗拉强度、伸长率和重量偏差。

检测依据：《混凝土结构工程施工质量验收规范》GB 50204—2015 中 5.2.2 条：成型钢筋进场时，应抽取试件做屈服强度、抗拉强度、伸长率和重量偏差检验，检验结果应符合国家现行有关标准的规定。对由热轧钢筋制成的成型钢筋，当有施工单位和监理单位的代表驻场监督生产过程，并提供原材钢筋力学性能第三方检测报告时，可仅进行重量偏差检验。

检验批次：同一厂家、同一类型、同一钢筋来源的成型钢筋，不超过 30t 为一批，每批中每种钢筋牌号、规格均应至少抽取 1 个钢筋试件，总数不应少于 3 个。

取样要求：550mm 长，15 根/组。

检测类型：材料检测。

### 3.2.2　预拌混凝土原材料

#### 3.2.2.1　水泥

检测项目：强度、安定性和凝结时间。

检测依据：《混凝土结构工程施工质量验收规范》GB 50204—2015 中 7.2.1 条：水泥进场时，应对其品种、代号、强度等级、包装或散装仓号、出厂日期等进行检查，并应对水泥的强度、安定性和凝结时间进行检验，检验结果应符合现行国家标准《通用硅酸盐水泥》GB 175 的相关规定。

检验批次：按同一厂家、同一品种、同一代号、同一强度等级、同一批号且连续生产

的水泥，袋装不超过 200t 为一批，散装不超过 500t 为一批，每批抽样数量不应少于一次。

取样要求：6kg/ 组。

检测类型：材料检测。

### 3.2.2.2 外加剂

检测项目：

1. 普通型减水剂、高效减水剂、高性能减水剂：减水率、pH 值、密度（细度）、含固量（含水率），早强型还应检测 1d 抗压强度比，缓凝型还应检测凝结时间差；

2. 引气剂、引气减水剂：pH 值、密度（细度）、含固量（含水率）、含气量、含气量经时损失、引气减水剂还应检测减水率；

3. 缓凝剂：pH 值、密度（细度）、含固量（含水率）、混凝土凝结时间差；

4. 泵送剂：pH 值、密度（细度）、含固量（含水率）、减水率、混凝土 1h 坍落度变化值；

5. 速凝剂：密度（细度）、水泥净浆初凝时间和终凝时间。

检测依据：《混凝土结构工程施工质量验收规范》GB 50204—2015 中 7.2.2 条：混凝土外加剂进场时，应对其品种、性能、出厂日期等进行检查，并应对外加剂的相关性能指标进行检验，检验结果应符合现行国家标准《混凝土外加剂》GB 8076 和《混凝土外加剂应用技术规范》GB 50119 等的规定。

检验批次：按同一厂家、同一品种、同一性能、同一批号且连续进行的混凝土外加剂，不超过 50t 为一批，每批抽样数量不应少于一次。

取样要求：不少于 0.2t 胶凝材料所用的外加剂量。

检测类型：材料检测。

### 3.2.2.3 矿物掺合料

检测项目：物理性能。

检测依据：《混凝土结构工程施工质量验收规范》GB 50204—2015 中 7.2.3 条：混凝土用矿物掺合料进场时，应对其品种、技术指标、生产日期等进行检查，并应对矿物掺合料的相关技术指标进行检验，检验结果应符合国家现行有关标准的规定。

检验批次：按同一厂家、同一品种、同一批号且连续进场的矿物掺合料，粉煤灰、矿渣粉、磷渣粉、钢铁渣粉和复合矿物掺合料不超过 200t 为一批，沸石粉不超过 120t 为一批，硅灰不超过 30t 为一批，每批抽样数量不应少于一次。

取样要求：6kg/ 组。

检测类型：材料检测。

### 3.2.2.4 混凝土用细骨料和粗骨料

检测项目：细骨料：颗粒级配、含泥量、泥块含量、氯离子、贝壳含量；粗骨料：颗粒级配、含泥量、泥块含量、针片状颗粒含量、压碎值。

检测依据：《混凝土结构工程施工质量验收规范》GB 50204—2015 中 7.2.4 条：混凝土原材料中的粗骨料、细骨料质量应符合现行行业标准《普通混凝土用砂、石质量及检验方法标准》JGJ 52 的规定。

检验批次：同产地、同规格的骨料，采用大型工具运输的以不大于 400m³ 或 600t 的产品为一批，采用小型工具运输的以不大于 200m³ 或 300t 的产品为一批，每批抽样不少于 1 次。

取样要求：细骨料不少于 40kg/组；粗骨料不少于 100kg/组。

检测类型：材料检测。

#### 3.2.2.5 混凝土拌合用水

检测项目：pH 值、不溶物、可溶物、氯化物、硫酸盐、碱含量、凝结时间差、水泥胶砂抗压强度比。

检测依据：《混凝土结构工程施工质量验收规范》GB 50204—2015 中 7.2.5 条：混凝土拌制及养护用水应符合现行行业标准《混凝土用水标准》JGJ 63 的规定。当采用饮用水时，可不检验；采用中水、搅拌站清洗水、施工现场循环水等其他水源时，应对其成分进行检验。

检验批次：同一水源检查不应少于一次。

取样要求：4L/组。

检测类型：材料检测。

## 3.3 现场安全防护用品

### 3.3.1 安全网

检测项目：安全平网：耐冲击性能；
　　　　　密目式安全网：耐冲击性能，耐贯穿性能，阻燃性能。

检测依据：《关于加强施工现场安全防护用品管理的通知》（沪建管（2015）936 号）中第三章：参照进入施工现场建筑材料检测的有关规定，决定自 2016 年 1 月 1 日起，全市范围内的建筑工地按规定开展安全网检测。鼓励有条件的施工总承包单位加大安全防护用品管理力度，对安全帽、安全带自主开展检测。

检验批次：市、区（县）两级建设工程质量安全监督机构应当将安全网、安全帽、安全带等施工现场安全防护用品列入年度监督检测计划，每个工程抽检不少于 1 次。

取样要求：同一生产厂家、同一规格，500 片及以下，3 片；501～5000 片，5 片；≥5001 片，8 片。

检测类型：材料检测。

### 3.3.2 安全帽

检测项目：冲击吸收性能（高温、低温、浸水）、耐穿刺性能（高温、低温、浸水）、垂直间距、佩戴高度。

检测依据和检验批次：同 3.3.1 节。

取样要求：同一生产厂家、同一规格，500 个及以下，6 个；501～5000 个，14 个；≥5001 个，22 个。

检测类型：材料检测。

### 3.3.3　安全带

检测项目：整体静态负荷、整体动态负荷、零部件静态负荷。

检测依据和检验批次：同 3.3.1 节。

取样要求：同一生产厂家、同一规格，500 条及以下，6 条；501～5000 条，10 条。

检测类型：材料检测。

## 3.4　钢筋分项工程

### 3.4.1　调直钢筋

检测项目：力学性能、重量偏差。

检测依据：《混凝土结构工程施工质量验收规范》GB 50204—2015 中 5.3.4 条：盘卷钢筋调直后应进行力学性能和重量偏差检验。

检验批次：同一加工设备加工的同一牌号、同一规格的调直钢筋，重量不大于 30t 为一批，每批见证抽取 3 个试件。

取样要求：550mm 长，15 根/组。

检测类型：材料检测。

### 3.4.2　机械连接或焊接连接

检测项目：抗拉强度、残余变形、弯曲性能。

检测依据：《混凝土结构工程施工质量验收规范》GB 50204—2015 中 5.4.2 条：钢筋采用焊接连接或机械连接时，钢筋机械连接接头、焊接接头的力学性能、弯曲性能应符合国家现行有关标准的规定。

检验批次：焊接连接：同一台班、同一焊工完成的 300 个同牌号、同直径钢筋焊接接头为一批；机械连接：同钢筋生产厂家、同强度等级、同规格、同类型和同型式接头 500 个一批，同规格、同类型、同型式、同等级接头连续 10 批一次合格，可扩大到 1000 个一批。

取样要求：焊接工艺和验收检测两端钢筋各外露 150mm＋焊缝长度，9 根/组；机械连接工艺检测 700mm 长 3 根，验收检测 550mm 长 9 根/组。

检测类型：材料检测。

## 3.5 预应力分项工程

### 3.5.1 预应力筋

检测项目：抗拉强度、伸长率。

检测依据：《混凝土结构工程施工质量验收规范》GB 50204—2015 中 6.2.1 条：预应力筋进场时，应按国家现行有关标准的规定抽取试件作抗拉强度、伸长率检验。

检验批次：同厂家、同牌号、同炉罐号、同规格，且≤60t 的产品，抽检不少于 1 组。

取样要求：钢丝、钢绞线：1m 长 3 根 / 组。

检测类型：材料检测。

### 3.5.2 锚具、夹具、连接器

检测项目：硬度、静载锚固试验。

检测依据：《混凝土结构工程施工质量验收规范》GB 50204—2015 中 6.2.3 条：预应力筋用锚具应和锚垫板、局部加强钢筋配套使用，锚具、夹具和连接器进场时，应按现行行业标准《预应力筋用锚具、夹具和连接器应用技术规程》JGJ 85 的相关规定对其进行检验，检验结果应符合该标准的规定。锚具、夹具和连接器用量不足检验批规定的 50%，且供应方提供有效的检验报告时，可不做静载锚固性能试验。

检验批次：同厂家、同品种、同材料、同工艺，且≤2000 套的锚具或≤500 套的夹具、连接器为一个检验批，每一个检验批抽检应不少于 1 组。

取样要求：锚具夹片做硬度检测，代表数量的 3%，且不少于 5 套（多孔锚具的夹片，每个不少于 6 片）；静载锚固性能：钢绞线 1m 长 3 根 / 组，挤压锚：1m 长 3 根 / 组。

检测类型：材料检测。

### 3.5.3 无粘结预应力筋用锚固系统

检测项目：不透水性。

检测依据：《混凝土结构工程施工质量验收规范》GB 50204—2015 中 6.2.4 条：处于三 a、三 b 类环境条件下的无粘结预应力筋用锚固系统，应按现行行业标准《无粘结预应力混凝土结构技术规程》JGJ 92 的相关规定检验其防水性能，检验结果应符合该标准的规定。

检验批次：同一品种、同一规格、锚固系统为一批，每批抽取 3 套。

取样要求：3 套 / 组。

检测类型：材料检测。

### 3.5.4 水泥基灌浆料

检测项目：流动度、抗压强度、竖向膨胀率、氯离子含量、泌水率。

检测依据:《混凝土结构工程施工质量验收规范》GB 50204—2015 中 6.2.5 条:成品灌浆料的质量应符合现行国家标准《水泥基灌浆材料应用技术规范》GB/T 50448 的规定。

检验批次:同厂家、同品种的成品灌浆料应以 200t 为一个留样检验批,不足 200t 时按一个检验批计。

取样要求:100kg/组。

检测类型:材料检测。

### 3.5.5 金属管、塑料波纹管

检测项目:径向刚度和抗渗漏性能。

检测依据:《混凝土结构工程施工质量验收规范》GB 50204—2015 中 6.2.8 条:预应力成孔管道进场时,应进行外观质量检查、径向刚度和抗渗漏性能检验。

检验批次:同厂家、同品种、同规格的产品,抽检不少于 1 组。

取样要求:6 支×1.0m/组。

检测类型:材料检测。

### 3.5.6 混凝土

检测项目:同条件试块抗压强度。

检测依据:《混凝土结构工程施工质量验收规范》GB 50204—2015 中 6.4.1 条:预应力筋张拉或张放前,应对构件混凝土强度进行检验,同条件养护的混凝土立方体试件抗压强度应符合设计要求。

检验批次:每构件不少于 1 组。

取样要求:100mm×100mm×100mm 或 150mm×150mm×150mm 立方体试件一组三块。

检测类型:材料检测。

### 3.5.7 灌浆用水泥浆原材

检测项目:3h 自由泌水率、氯离子含量、24h 自由膨胀率。

检测依据:《混凝土结构工程施工质量验收规范》GB 50204—2015 中 6.5.2 条:灌浆用水泥浆的性能应符合本规范 6.5.2 条的规定。

检验批次:同一配合比检验一次。

取样要求:50kg/组。

检测类型:材料检测。

### 3.5.8 灌浆用水泥浆试块

检测项目:28d 抗压强度。

检测依据:《混凝土结构工程施工质量验收规范》GB 50204—2015 中 6.5.3 条:现场留置的灌浆用水泥浆试件的抗压强度不应低于 30MPa。

检验批次：每工作班留置一组。

取样要求：70.7mm×70.7mm×70.7mm 试块，每组六块。

检测类型：材料检测。

## 3.6 混凝土分项工程

### 3.6.1 预拌混凝土

检测项目：原材料性能、强度、凝结时间、稠度、氯离子含量、总碱含量和设计图纸中的耐久性指标等。

检测依据：《混凝土结构工程施工质量验收规范》GB 50204—2015 中 7.3.3 条：混凝土氯离子含量和碱总含量应符合现行国家标准《混凝土结构设计规范》GB 50010 的规定和设计要求；7.3.4 条：首次使用的混凝土配合比应进行开盘鉴定，其原材料、强度、凝结时间、稠度等应符合设计要求；7.3.6 条：混凝土有耐久性指标时，应在施工现场随机抽取试件进行耐久性检验，其检验结果应符合国家现行有关标准的规定和设计要求。

检验批次：同一配合比的混凝土，取样不应少于一次。

取样要求：200L/组，附配合比报告。

检测类型：材料检测。

### 3.6.2 预拌混凝土强度

检测项目：混凝土抗压强度。

检测依据：《混凝土结构工程施工质量验收规范》GB 50204—2015 中 7.4.1 条：混凝土的强度等级必须符合设计要求。

检验批次：对同一配合比混凝土，取样与试件留置应符合下列规定：

1. 每拌制 100 盘且不超过 100m³ 时，取样不得少于一次；

2. 每工作班拌制不足 100 盘时，取样不得少于一次；

3. 连续浇筑超过 1000m³ 时，每 200m³ 取样不得少于一次；

4. 每一楼层取样不得少于一次；

5. 每次取样应至少留置一组试件。

取样要求：用于检验混凝土强度的试件应在浇筑地点随机抽取，100mm×100mm×100mm 或 150mm×150mm×150mm 立方体试件一组三块。

### 3.6.3 预拌混凝土氯离子含量

检测项目：硬化混凝土中酸溶性氯离子含量。

检测依据：《关于加强本市建筑用砂管理的暂行意见》（沪建建材联〔2020〕81 号）第五节：预拌混凝土、预制构件等建筑材料进场复验除应符合相关标准规定外，还必须对硬化混凝土中酸溶性氯离子含量进行检验。

检验批次：

（1）同一单位工程、同一强度等级、同一生产单位的预拌混凝土，应至少检验 2 次；

（2）同一单位工程、同一强度等级、同一生产单位的预制构件混凝土方量小于 1500m³ 的，应至少检验 2 次；大于 1500m³、小于 5000m³ 的，应至少检验 4 次；大于 5000m³ 的应至少检验 6 次。

取样要求：100mm×100mm×100mm 立方体或 $\phi$70mm 试件一组三块。

## 3.7 装配式结构分项工程

### 3.7.1 预制构件结构性能

检测项目：承载力、挠度、裂缝宽度（抗裂）。

检测依据：《混凝土结构工程施工质量验收规范》GB 50204—2015 中 9.2.2-1 条：专业企业生产的预制构件进场时，预制构件结构性能检验应符合下列规定：1 梁板类简支受弯构件进场时应进行结构性能检验，并应符合下列规定：1）结构性能检验应符合国家现行有关标准的有关规定及设计的要求，检验要求和试验方法应符合本规范附录 B 的规定。2）钢筋混凝土构件和允许出现裂缝的预应力混凝土构件应进行承载力、挠度和裂缝宽度检验；不允许出现裂缝的预应力混凝土构件应进行承载力、挠度和抗裂检验。3）对大型构件及有可靠应用经验的构件，可只进行裂缝宽度、抗裂和挠度检验。4）对使用数量较少的构件，当能提供可靠依据时，可不进行结构性能检验。

检验批次和取样要求：1 个构件/批（同一类型预制构件不超过 1000 个为一批，每批随机抽取 1 个构件）；5 个构件/批（GB 50204—2015 条文说明 9.2.2，检查数量可根据工程情况由各方商定，一般情况下，可为不超过 1000 个同类型预制构件为一批，每批抽取构件数量的 2% 且不少于 5 个构件）。

检测类型：材料检测。

### 3.7.2 预制构件实体性能

检测项目：主要受力钢筋数量、规格、间距、保护层厚度及混凝土强度。

检测依据：《混凝土结构工程施工质量验收规范》GB 50204—2015 中 9.2.2-3 条：对进场不做结构性能检验的预制构件，应采取下列措施：1）施工单位或监理单位代表应驻厂监督生产过程。2）当无驻厂监督时，预制构件进场时应对其主要受力钢筋数量、规格、间距、保护层厚度及混凝土强度等进行实体检验。

检验批次和取样要求：同 3.7.1 节。

检测类型：现场检测。

### 3.7.3 套筒灌浆连接

#### 3.7.3.1 套筒灌浆料

检测项目：流动度、泌水率、3d 和 28d 抗压强度、竖向膨胀率。

检测依据：《钢筋套筒灌浆连接应用技术规程》JGJ 355—2015 中 7.0.4 条：灌浆料进场时，应对灌浆料拌合物 30min 流动度、泌水率及 3d 抗压强度、28d 抗压强度、3h 竖向膨胀率、24h 与 3h 竖向膨胀率差值进行检验，检验结果应符合本规程第 3.1.3 条的有关规定。

检验批次：同一成分、同一批号的灌浆料，不超过 50t 为一批，每批按现行行业标准《钢筋连接用套筒灌浆料》JG/T 408 的有关规定随机抽取灌浆料制作试件。

取样要求：100kg/组。

检测类型：材料检测。

#### 3.7.3.2 套筒灌浆料连接工艺检测

检测项目：屈服强度、抗拉强度、残余变形、灌浆料抗压强度。

检测依据：《钢筋套筒灌浆连接应用技术规程》JGJ 355—2015 中 7.0.5 条：灌浆施工前，应对不同钢筋生产企业的进场钢筋进行接头工艺检验；施工过程中，当更换钢筋生产企业，或同生产企业生产的钢筋外形尺寸与已完成工艺检验的钢筋有较大差异时，应再次进行工艺检验。

检验批次：不同钢筋生产企业的进场钢筋与钢套筒之间应分别进行工艺性检测。

取样要求：2 组，每组 3 根（两端钢筋各外露 $4d + 250$mm）、40mm×40mm×160mm 的长方体试件 6 块，标准养护。

注：根据 JGJ 355—2015 中 7.0.5-8 条：第一次工艺检验中 1 个试件抗拉强度不合格或 3 个试件残余变形平均值不合格时，可再抽 3 个试样复验。因此之前要求的 2 组样品，1 组送检，1 组备样，如果不合格可当天再次送检复验。

检测类型：材料检测。

#### 3.7.3.3 套筒灌浆料连接验收检测

检测项目：抗拉强度。

检测依据：《钢筋套筒灌浆连接应用技术规程》JGJ 355—2015 中 7.0.6 条：灌浆套筒进厂（场）时，应抽取灌浆套筒并采用与之匹配的灌浆料制作对中连接接头试件，并进行抗拉强度检验，检验结果均应符合本规程第 3.2.2 条的有关规定。

检验批次：同一批号、同一类型、同一规格的灌浆套筒，不超过 1000 个为一批，每批随机抽取 3 个灌浆套筒制作对中连接接头试件。

取样要求：两端钢筋各外露 250mm 长的 3 根钢筋套筒连接件。

检测类型：材料检测。

#### 3.7.3.4 套筒灌浆料试块

检测项目：28d 抗压强度。

检测依据：《钢筋套筒灌浆连接应用技术规程》JGJ 355—2015 中 7.0.9 条：灌浆施工中，灌浆料的 28d 抗压强度应符合本规程第 3.1.3 条的有关规定。用于检验抗压强度的灌浆料试件应在施工现场制作。

检验批次：每工作班取样不得少于 1 次，每楼层取样不得少于 3 次。每次抽取 1 组 40mm×40mm×160mm 的试件，标准养护 28d 后进行抗压强度试验。

取样要求：40mm×40mm×160mm 试件，一组三块。

检测类型：材料检测。

### 3.7.4 焊接连接

检测项目：抗拉强度、弯曲性能。

检测依据：《混凝土结构工程施工质量验收规范》GB 50204—2015 中 9.3.3 条：钢筋采用焊接连接时，力学性能、弯曲性能应符合国家现行相关规定。

检验批次：焊接连接：同一台板、同一焊工完成的 300 个同牌号、同直径钢筋焊接接头为一批。

取样要求：焊接工艺和验收检测两端钢筋各外露 150mm＋焊缝长度，9 根/组。

检测类型：材料检测。

### 3.7.5 机械连接

检测项目：抗拉强度、残余变形、弯曲性能。

检测依据：《混凝土结构工程施工质量验收规范》GB 50204—2015 中 9.3.4 条：钢筋采用机械连接时，钢筋机械连接的力学性能应符合国家现行相关规定。

检验批次：同钢筋生产厂家、同强度等级、同规格、同类型和同型式接头 500 个一批；同规格、同类型、同型式、同等级接头连续 10 批一次合格，可扩大到 1000 个一批。

取样要求：机械连接工艺检测 700mm 长 3 根，验收检测 550mm 长 9 根/组。

检测类型：材料检测。

### 3.7.6 现浇混凝土连接

检测项目：28d 抗压强度。

检测依据：《混凝土结构工程施工质量验收规范》GB 50204—2015 中 9.3.6 条：装配式结构采用现浇混凝土连接构件时，构件连接处后浇混凝土的强度应符合设计要求。

检验批次：同 3.6.2 节。

取样要求：同 3.6.2 节。

检测类型：材料检测。

# 3.8 结构实体

## 3.8.1 混凝土同条件养护试件

检测项目：混凝土同条件养护抗压强度。

检测依据：《混凝土结构工程施工质量验收规范》GB 50204—2015 中 10.1.2 条、附录 C：结构实体混凝土抗压强度应按不同强度等级分别检验，检验方法宜采用同条件养护试件方法；当未取得同条件养护试件强度或同条件养护试件不符合要求时，可采用回弹—取芯法进行检验。

检验批次：同一强度等级的同条件养护试件不宜少于 10 组，且不应少于 3 组。每连续两层楼取样不应少于 1 组；每 2000m³ 取样不得少于一组。

取样要求：100mm×100mm×100mm 或 150mm×150mm×150mm 立方体试件一组三块。

检测类型：材料检测。

## 3.8.2 混凝土回弹—取芯法测强

检测项目：回弹—取芯法检测混凝土抗压强度。

检测依据：同 3.8.1 节。

检验批次和抽检数量：回弹构件的抽取应符合 GB 50204—2015 附录 D.0.1 的规定。

检测类型：现场检测。

## 3.8.3 混凝土结构钢筋保护层厚度

检测项目：钢筋保护层厚度。

检测依据：《混凝土结构工程施工质量验收规范》GB 50204—2015 中 10.1.3 条、附录 E：钢筋保护层厚度检验应符合本规范附录 E 的规定。

检验批次和抽样数量：1. 对非悬挑梁板类构件，应各抽取构件数的 2% 且不少于 5 个构件进行检验；2. 对悬挑梁，应抽取构件数的 5% 且不少于 10 个构件进行检验，当悬挑梁数量少于 10 个试件，应全数检验；3. 对悬挑板，应抽取构件数的 10% 且不少于 20 个构件进行检验，当悬挑板数量少于 20 个试件，应全数检验。

检测类型：现场检测。

## 3.8.4 混凝土结构位置与尺寸偏差

检测项目：结构位置与尺寸偏差。

检测依据：《混凝土结构工程施工质量验收规范》GB 50204—2015 中 10.1.4 条、附录 F：结构位置与尺寸偏差检验应符合本规范附录 E 的规定。

检验批次和抽样数量：1. 梁、柱应抽取构件数量的 1%，且不应少于 3 个构件；2. 墙、板应按有代表性的自然间抽取 1%，且不应少于 3 间；3.层高应按有代表性的自然间抽查 1%，且不应少于 3 间。

　　检测类型：现场检测。

# 4 钢结构工程

## 4.1 编制依据

本章以《钢结构工程施工质量验收标准》GB 50205—2020 和《钢结构通用规范》GB 55006—2021 为主要编制依据，其他引用的编制依据如下：

1.《钢结构现场检测技术标准》GB/T 50621—2010

2.《钢结构焊接规范》GB 50661—2011

3.《碳素结构钢》GB/T 700—2006

4.《钢结构用高强度大六角头螺栓、大六角螺母、垫圈技术条件》GB/T 1231—2006

5.《低合金高强度结构钢》GB/T 1591—2018

6.《紧固件机械性能 螺栓、螺钉和螺柱》GB/T 3098.1—2010

7.《钢结构用扭剪型高强度螺栓连接副》GB/T 3632—2008

8.《埋弧焊用非合金钢及细晶粒钢实心焊丝、药芯焊丝和焊丝—焊剂组合分类要求》GB/T 5293—2018

9.《焊接结构用铸钢件》GB/T 7659—2010

10.《熔化极气体保护电弧焊用非合金钢及细晶粒钢实心焊丝》GB/T 8110—2020

11.《结构用无缝钢管》GB/T 8162—2018

12.《输送流体用无缝钢管》GB/T 8163—2018

13.《电弧螺柱焊用圆柱头焊钉》GB/T 10433—2002

14.《焊缝无损检测 超声检测技术、检测等级和评定》GB/T 11345—2013

15.《建筑结构用钢板》GB/T 19879—2015

16.其他相关现行有效标准等

## 4.2 原材料及成品验收

### 4.2.1 钢板

检测项目：屈服强度、抗拉强度、伸长率、弯曲性能、冲击吸收功、断面收缩率（如有要求抗层状撕裂性能）、硫、磷、碳或者碳当量。

检测依据：《钢结构通用规范》GB 55006—2021 中 3.0.1 条：钢结构工程所选用钢材的牌号、技术条件、性能指标均应符合国家现行有关标准的规定。

检验批次：抽样数量按进场批次和产品的抽样检验方案确定。

取样要求：400mm×300mm 钢板 1 块 / 组。

检测类型：材料检测。

## 4.2.2 钢管、角钢、槽钢、钢棒等

检测项目：屈服强度、抗拉强度、伸长率、弯曲性能。

检测依据：《钢结构通用规范》GB 55006—2021 中 3.0.1 条：钢结构工程所选用钢材的牌号、技术条件、性能指标均应符合国家现行有关标准的规定。

检验批次：抽样数量按进场批次和产品的抽样检验方案确定。

取样要求：400mm 长 2 段 / 组。

检测类型：材料检测。

## 4.2.3 铸钢件

检测项目：屈服强度、抗拉强度、伸长率、断面收缩率。

检测依据：《钢结构通用规范》GB 55006—2021 中 3.0.1 条和 3.0.2 条：钢结构工程所选用钢材的牌号、技术条件、性能指标均应符合国家现行有关标准的规定。

检验批次：

1. 按熔炼炉次划分：铸件由同一牌号、同一熔炼炉次、做好相同热处理的铸件为一批；

2. 按热处理炉次划分：铸件由同一牌号、不同熔炼炉次、同炉热处理的铸件为一批；

3. 按数量或重量划分：相同牌号、不同熔炼炉次，相同工艺多炉热处理的铸件，按供需双方商定的铸件数量或重量作为一批。

4. 每批抽样不少于 1 次。

取样要求：400mm 长 2 段 / 组。

检测类型：材料检测。

## 4.2.4 拉索、拉杆及锚具

检测项目：屈服强度、抗拉强度、伸长率、尺寸偏差。

检测依据：《钢结构通用规范》GB 55006—2021 中 3.0.1 条：钢结构工程所选用钢材的牌号、技术条件、性能指标均应符合国家现行有关标准的规定。

检验批次：同一牌号、同一规格、同一生产工艺，每批不大于 60t，每批抽样不少于 1 次。

取样要求：1m 长试件，3 根 / 组。

检测类型：材料检测。

## 4.2.5 焊接材料

检测项目：屈服强度、抗拉强度、伸长率、冲击吸收功、化学分析。

检测依据：《钢结构通用规范》GB 55006—2021 中 7.2.1 条：钢结构焊接材料应具有检验报告。

检验批次：抽样数量按进场批次和产品的抽样检验方案确定。

取样要求：根据不同产品标准要求按《焊接材料的检验 第 1 部分：钢、镍及镍合金熔敷金属力学性能试样的制备及检验》GB/T 25774.1—2010 中表 1 的要求制备一块，焊丝 1m 长一段。

检测类型：材料检测。

## 4.2.6 涂装材料（钢结构防火涂料）

检测项目：薄型为粘结强度，厚型为粘结强度和抗压强度。

检测依据：钢结构防腐涂料的品种、规格、性能应符合国家现行标准的规定并满足设计要求。钢结构防火涂料的品种和技术性能应满足设计要求，并应经法定的检测机构检测，检测结果符合国家现行标准的规定。

检验批次：抽样数量按进场批次和产品的抽样检验方案确定。

取样要求：薄型 2kg/ 组，厚型 5kg/ 组。

检测类型：材料检测。

## 4.2.7 高强度大六角头螺栓连接副

检测项目：扭矩系数。

检测依据：《钢结构通用规范》GB 55006—2021 中 7.1.2 条：大六角头高强度螺栓连接副应有扭矩系数的检测报告，高强度螺栓连接副应按批配套进场并在同批内配套使用。

检验批次：同一材料、炉号、螺纹规格、长度（当螺栓长度≤100mm 时，长度相差≤15mm；螺栓长度＞100mm 时，长度相差≤20mm，可视为同一长度）、机械加工、热处理工艺及表面处理工艺的螺栓为同批，每批代表数量最大 3000 套，每批抽样不少于 1 组。

取样要求：8 套 / 组。

检测类型：材料检测。

## 4.2.8 扭剪型高强度螺栓连接副

检测项目：紧固轴力。

检测依据：《钢结构通用规范》GB 55006—2021 中 7.1.2 条：扭剪型高强度螺栓连接副应有紧固轴力的检测报告，高强度螺栓连接副应按批配套进场并在同批内配套使用。

检验批次：同一材料、炉号、螺纹规格、长度（当螺栓长度≤100mm 时，长度相差≤15mm；螺栓长度＞100mm 时，长度相差≤20mm，可视为同一长度）、机械加工、热处理工艺及表面处理工艺的螺栓为同批，每批代表数量最大 3000 套，每批抽样不少于 1 组。

取样要求：8 套 / 组。

检测类型：材料检测。

## 4.3 焊接工程

### 4.3.1 焊接工艺

检测项目：抗拉强度、弯曲性能、冲击吸收功。

检测依据：《钢结构工程施工质量验收标准》GB 50205—2020 中 5.2.3 条和《钢结构通用规范》GB 55006—2021 中 7.2.2 条：首次采用的钢材、焊接材料、焊接方法、接头形式、焊接位置、焊后热处理制度及焊接工艺参数、预热和后热措施等各种参数的组合条件，应在钢构件制作和安装施工之前按现行国家标准《钢结构焊接规范》GB 50661 的规定进行焊接工艺评定，根据评定报告确定焊接工艺，编写焊接工艺规程并进行全过程质量控制。

检验批次：施工单位首次采用的钢材、焊接材料、焊接方法、接头形式、焊接位置、焊后热处理制度以及焊接工艺参数、预热和后热措施等各种参数的组合条件。应在钢结构构件制作及安装施工之前进行焊接工艺评定。

取样要求：650mm×400mm 对接焊接试板一块（焊缝400mm 长）。

检测类型：材料检测。

### 4.3.2 焊缝质量

检测项目：超声波探伤、射线探伤。

检测依据：《钢结构通用规范》GB 55006—2021 中 7.2.3 条：全部焊缝应进行外观检查。要求全焊透的一级、二级焊缝应进行内部缺陷无损检测，一级焊缝探伤比例应为 100%，二级焊缝探伤比例应不低于 20%。

1. 采用超声波检测时，超声波检测设备、工艺要求及缺陷评定等级应符合现行国家标准《钢结构焊接规范》GB 50661 的规定；

2. 当不能采用超声波探伤或对超声波检测结果有疑义时，可采用射线检测验证，射线检测技术应符合现行国家标准《焊缝无损检测 射线检测 第 1 部分：X 和伽玛射线的胶片技术》GB/T 3323.1 或《焊缝无损检测 射线检测 第 2 部分：使用数字化探测器的 X 和伽玛射线技术》GB/T 3323.2 的规定，缺陷评定等级应符合现行国家标准《钢结构焊接规范》GB 50661 的规定；

3. 焊接球节点网架、螺栓球节点网架及圆管 T、K、Y 节点焊缝的超声波探伤方法及缺陷分级应符合国家和行业现行标准的有关规定。

检验批次和抽样要求：按设计要求，一级焊缝 100%，二级焊缝 20%。（注：二级焊缝检测比例的计数方法应按以下原则确定：工厂制作焊缝按照焊缝长度计算百分比，且探伤长度不小于200mm；当焊缝长度小于200mm时，应对整条焊缝探伤；现场安装焊缝应按照同一类型、同一施焊条件的焊缝条数计算百分比，且不应少于3条焊缝。）

检测类型：现场检测。

### 4.3.3 栓钉（焊钉）焊接工艺

检测项目：拉伸、弯曲。

检测依据：《钢结构工程施工质量验收标准》GB 50205—2020 中 5.3.1 条：施工单位对其采用的栓钉和钢材焊接应进行焊接工艺评定，其结果应满足设计要求并符合国家现行标准的规定。栓钉焊瓷环保存时应有防潮措施，受潮的焊接瓷环使用前应在 120 ~ 150℃范围内烘焙 1 ~ 2h。

检验批次：同规格，同等级每批抽检一组。

取样要求：栓钉焊接在 100mm×100mm 钢板上，10 个。

检测类型：材料检测。

## 4.4 紧固件连接工程

### 4.4.1 普通螺栓

检测项目：最小拉力载荷。

检测依据：《钢结构工程施工质量验收标准》GB 50205—2020 中 6.2.1 条：普通螺栓作为永久性连接螺栓时，当设计有要求或对其质量有疑义时，应进行螺栓实物最小拉力载荷复验。

检验批次：同规格，同等级每批抽检一组。

取样要求：每一规格螺栓应抽查 8 个。

检测类型：材料检测。

### 4.4.2 高强度螺栓连接

检测项目：抗滑移系数。

检测依据：《钢结构通用规范》GB 55006—2021 中 7.1.3 条：高强度螺栓连接处的钢板表面处理方法与除锈等级应符合设计文件要求。摩擦型高强度螺栓连接摩擦面处理后应分别进行抗滑移系数试验和复验。

检验批次：每 5 万个高强度螺栓用量的钢结构为一批，不足 5 万个高强度螺栓用量的钢结构视为一批，每批次抽样不少于 1 组。

取样要求：一组 3 套。

检测类型：材料检测。

## 4.5　钢构件组装工程

检测项目：超声波探伤。

检测依据：《钢结构通用规范》GB 55006—2021 中 7.2.3 条：全部焊缝应进行外观检查。要求全焊透的一级、二级焊缝应进行内部缺陷无损检测，一级焊缝探伤比例应为100%，二级焊缝探伤比例应不低于 20%。

检验批次和抽样要求：按设计要求，一级焊缝100%，二级焊缝20%。（注：二级焊缝检测比例的计数方法应按以下原则确定：工厂制作焊缝按照焊缝长度计算百分比，且探伤长度不小于 200mm；当焊缝长度小于 200mm 时，应对整条焊缝探伤；现场安装焊缝应按照同一类型、同一施焊条件的焊缝条数计算百分比，且不应少于 3 条焊缝。）

检测类型：现场检测。

## 4.6　涂装工程

### 4.6.1　防腐涂层

检测项目：漆膜厚度。

检测依据：《钢结构通用规范》GB 55006—2021 中 7.3.1 条：钢结构防腐涂料、涂装遍数、涂层厚度均应符合设计和涂料产品说明书要求。当设计对涂层厚度无要求时，涂层干漆膜总厚度：室外应为 150μm，室内应为 125μm，其允许偏差为 −25μm。

检验批次和抽样要求：按照构件数抽查 10%，且同类构件不应少于 3 件。每个构件检测 5 处，每处的数值为 3 个相距 50mm 测点涂层干漆膜厚度的平均值。

检测类型：现场检测。

### 4.6.2　防火涂层

检测项目：漆膜厚度。

检测依据：《钢结构通用规范》GB 55006—2021 中 7.3.2 条：膨胀型防火涂料的涂层厚度应符合耐火极限的设计要求。非膨胀型防火涂料的涂层厚度，80% 及以上面积应符合耐火极限的设计要求，且最薄处厚度不应低于设计要求的 85%。

检验批次和抽样要求：按照构件数抽查 10%，且同类构件不应少于 3 件。

检测类型：现场检测。

# 5 屋 面 工 程

## 5.1 编制依据

本章以《屋面工程质量验收规范》GB 50207—2012、《建筑节能工程施工质量验收标准》GB 50411—2019 和《采光顶与金属屋面技术规程》JGJ 255—2012 为主要编制依据，相关引用产品要求见以下章节。

## 5.2 屋面防水材料

### 5.2.1 高聚物改性沥青防水卷材

检测项目：可溶物含量、拉力、最大拉力时延伸率、耐热度、低温柔度、不透水性。

检测依据：《屋面工程质量验收规范》GB 50207—2012 中附录 A：屋面防水材料进场检验项目及材料标准。

检验批次：大于 1000 卷抽 5 卷，每 500～1000 卷抽 4 卷，100～499 卷抽 3 卷，100 卷以下抽 2 卷，进行规格尺寸和外观质量检验。在外观质量检验合格的卷材中，任取一卷作物理性能检验。

取样要求：1m²/组。

检测类型：材料检测。

### 5.2.2 合成高分子防水卷材

检测项目：断裂拉伸强度、扯断伸长率、低温弯折性、不透水性。

检测依据：《屋面工程质量验收规范》GB 50207—2012 中附录 A：屋面防水材料进场检验项目及材料标准。

检验批次：大于 1000 卷抽 5 卷，每 500～1000 卷抽 4 卷，100～499 卷抽 3 卷，100 卷以下抽 2 卷，进行规格尺寸和外观质量检验。在外观质量检验合格的卷材中，任取一卷作物理性能检验。

取样要求：1m²/组。

检测类型：材料检测。

45

### 5.2.3 高聚物改性沥青防水涂料

检测项目：固体含量、耐热性、低温柔性、不透水性、断裂伸长率或抗裂性。

检测依据：《屋面工程质量验收规范》GB 50207—2012 中附录 A：屋面防水材料进场检验项目及材料标准。

检验批次：每 10t 为一批，不足 10t 按一批抽样。

取样要求：2kg/组。

检测类型：材料检测。

### 5.2.4 合成高分子防水涂料

检测项目：固体含量、拉伸强度、断裂伸长率、低温柔性、不透水性。

检测依据：《屋面工程质量验收规范》GB 50207—2012 中附录 A：屋面防水材料进场检验项目及材料标准。

检验批次：每 10t 为一批，不足 10t 按一批抽样。

取样要求：2kg/组。

检测类型：材料检测。

### 5.2.5 聚合物水泥防水涂料

检测项目：固体含量、拉伸强度、断裂伸长率、低温柔性、不透水性。

检测依据：《屋面工程质量验收规范》GB 50207—2012 中附录 A：屋面防水材料进场检验项目及材料标准。

检验批次：每 10t 为一批，不足 10t 按一批抽样。

取样要求：2kg/组。

检测类型：材料检测。

### 5.2.6 胎体增强材料

检测项目：拉力、延伸率。

检测依据：《屋面工程质量验收规范》GB 50207—2012 中附录 A：屋面防水材料进场检验项目及材料标准。

检验批次：每 3000m² 为一批，不足 3000m² 的按一批抽样。

取样要求：1m²/组。

检测类型：材料检测。

### 5.2.7 沥青基防水卷材用基层处理剂

检测项目：固体含量、耐热性、低温柔性、剥离强度。

检测依据：《屋面工程质量验收规范》GB 50207—2012 中附录 A：屋面防水材料进场

检验项目及材料标准。

　　检验批次：每 5t 产品为一批，不足 5t 的按一批抽样。

　　取样要求：5kg/ 组。

　　检测类型：材料检测。

## 5.2.8　高分子胶粘剂

　　检测项目：剥离强度、浸水 168h 后的剥离强度保持率。

　　检测依据：《屋面工程质量验收规范》GB 50207—2012 中附录 A：屋面防水材料进场检验项目及材料标准。

　　检验批次：每 5t 产品为一批，不足 5t 的按一批抽样。

　　取样要求：5kg/ 组。

　　检测类型：材料检测。

## 5.2.9　改性沥青胶粘剂

　　检测项目：剥离强度。

　　检测依据：《屋面工程质量验收规范》GB 50207—2012 中附录 A：屋面防水材料进场检验项目及材料标准。

　　检验批次：每 5t 产品为一批，不足 5t 的按一批抽样。

　　取样要求：5kg/ 组。

　　检测类型：材料检测。

## 5.2.10　合成橡胶胶粘带

　　检测项目：剥离强度、浸水 168h 后的剥离强度保持率。

　　检测依据：《屋面工程质量验收规范》GB 50207—2012 中附录 A：屋面防水材料进场检验项目及材料标准。

　　检验批次：每 1000m 为一批，不足 1000m 的按一批抽样。

　　取样要求：1m/ 组。

　　检测类型：材料检测。

## 5.2.11　改性石油沥青密封材料

　　检测项目：耐热性、低温柔性、拉伸粘结性、施工度。

　　检测依据：《屋面工程质量验收规范》GB 50207—2012 中附录 A：屋面防水材料进场检验项目及材料标准。

　　检验批次：每 1t 产品为一批，不足 1t 的按一批抽样。

　　取样要求：胶 2 支。

　　检测类型：材料检测。

### 5.2.12 合成高分子密封材料

检测项目：拉伸模量、断裂伸长率、定伸粘结性。

检测依据：《屋面工程质量验收规范》GB 50207—2012 中附录 A：屋面防水材料进场检验项目及材料标准。

检验批次：每 1t 产品为一批，不足 1t 的按一批抽样。

取样要求：胶 2 支。

检测类型：材料检测。

### 5.2.13 烧结瓦、混凝土瓦

检测项目：抗渗性、抗冻性、吸水率。

检测依据：《屋面工程质量验收规范》GB 50207—2012 中附录 A：屋面防水材料进场检验项目及材料标准。

检验批次：同一进场批次产品至少抽一次。

取样要求：不少于 7 块 / 组。

检测类型：材料检测。

### 5.2.14 玻纤胎沥青瓦

检测项目：可溶物含量、拉力、耐热度、柔度、不透水性、叠层剥离强度。

检测依据：《屋面工程质量验收规范》GB 50207—2012 中附录 A：屋面防水材料进场检验项目及材料标准。

检验批次：同一进场批次产品至少抽一次。

取样要求：不少于 7 块 / 组。

检测类型：材料检测。

### 5.2.15 彩色涂层钢板及钢带

检测项目：屈服强度、抗拉强度、断后伸长率、镀层重量、涂层厚度。

检测依据：《屋面工程质量验收规范》GB 50207—2012 中附录 A：屋面防水材料进场检验项目及材料标准。

检验批次：同牌号、同规格、同镀层重量、同涂层厚度、同涂料种类和颜色为一批。

取样要求：500mm×2 段 / 组。

检测类型：材料检测。

### 5.2.16 防水材料应用标准

根据《屋面工程质量验收规范》GB 50207—2012 中附录 A：屋面防水材料进场检验项目及材料标准的要求，现行屋面材料产品标准应按表 5.1 选用。

现行屋面防水材料标准 表 5.1

| 类别 | 标准名称 | 标准编号 |
|------|---------|---------|
| 改性沥青防水卷材 | 1. 弹性体改性沥青防水卷材 | GB 18242 |
| | 2. 塑性体改性沥青防水卷材 | GB 18243 |
| | 3. 改性沥青聚乙烯胎防水卷材 | GB 18967 |
| | 4. 带自粘层的防水卷材 | GB/T 23260 |
| | 5. 自粘聚合物改性沥青防水卷材 | GB 23441 |
| 合成高分子防水卷材 | 1. 聚氯乙烯（PVC）防水卷材 | GB 12952 |
| | 2. 氯化聚乙烯防水卷材 | GB 12953 |
| | 3. 高分子防水材料 第1部分：片材 | GB 18173.1 |
| 防水涂料 | 1. 聚氨酯防水涂料 | GB/T 19250 |
| | 2. 聚合物水泥防水涂料 | GB/T 23445 |
| | 3. 水乳型沥青防水涂料 | JC/T 408 |
| | 4. 聚合物乳液建筑防水涂料 | JC/T 864 |
| 密封材料 | 1. 硅酮和改性硅酮建筑密封胶 | GB/T 14683 |
| | 2. 建筑用硅酮结构密封胶 | GB 16776 |
| | 3. 建筑防水沥青嵌缝油膏 | JC/T 207 |
| | 4. 聚氨酯建筑密封胶 | JC/T 482 |
| | 5. 聚硫建筑密封胶 | JC/T 483 |
| | 6. 中空玻璃用弹性密封胶 | GB/T 29755 |
| | 7. 混凝土接缝用建筑密封胶 | JC/T 881 |
| | 8. 幕墙玻璃接缝用密封胶 | JC/T 882 |
| | 9. 金属板用建筑密封胶 | JC/T 884 |
| 瓦 | 1. 玻纤胎沥青瓦 | GB/T 20474 |
| | 2. 烧结瓦 | GB/T 21149 |
| | 3. 混凝土瓦 | JC/T 746 |
| 配套材料 | 1. 高分子防水卷材胶粘剂 | JC/T 863 |
| | 2. 丁基橡胶防水密封胶粘带 | JC/T 942 |
| | 3. 坡屋面用防水材料 聚合物改性沥青防水垫层 | JC/T 1067 |
| | 4. 坡屋面用防水材料 自粘聚合物沥青防水垫层 | JC/T 1068 |
| | 5. 沥青基防水卷材用基层处理剂 | JC/T 1069 |
| | 6. 自粘聚合物沥青泛水带 | JC/T 1070 |
| | 7. 种植屋面用耐根穿刺防水卷材 | JC/T 1075 |

## 5.3　屋面保温材料

### 5.3.1　模塑聚苯乙烯泡沫塑料

检测项目：表观密度、压缩强度、导热系数、燃烧性能。

检测依据：《屋面工程质量验收规范》GB 50207—2012 中附录 B：屋面保温材料进场检验项目及材料标准。

检验批次：同规格按 $100m^3$ 为一批，不足 $100m^3$ 的按一批计。在每批产品中随机抽取 20 块进行规格尺寸和外观质量检验。从规格尺寸和外观质量检验合格的产品中，随机取样进行物理性能检验。

取样要求：$8m^2$/组。

检测类型：材料检测。

### 5.3.2　挤塑聚苯乙烯泡沫塑料

检测项目：压缩强度、导热系数、燃烧性能。

检测依据：《屋面工程质量验收规范》GB 50207—2012 中附录 B：屋面保温材料进场检验项目及材料标准。

检验批次：同类型、同规格按 $50m^3$ 为一批，不足 $50m^3$ 的按一批计。在每批产品中随机抽取 10 块进行规格尺寸和外观质量检验。从规格尺寸和外观质量检验合格的产品中，随机取样进行物理性能检验。

取样要求：$8m^2$/组。

检测类型：材料检测。

### 5.3.3　硬质聚氨酯泡沫塑料

检测项目：表观密度、压缩强度、导热系数、燃烧性能。

检测依据：《屋面工程质量验收规范》GB 50207—2012 中附录 B：屋面保温材料进场检验项目及材料标准。

检验批次：同原料、同配方、同工艺条件按 $50m^3$ 为一批，不足 $50m^3$ 的按一批计。在每批产品中随机抽取 10 块进行规格尺寸和外观质量检验。从规格尺寸和外观质量检验合格的产品中，随机取样进行物理性能检验。

取样要求：$8m^2$/组。

检测类型：材料检测。

### 5.3.4　泡沫玻璃绝热制品

检测项目：表观密度、抗压强度、导热系数、燃烧性能。

检测依据:《屋面工程质量验收规范》GB 50207—2012 中附录 B:屋面保温材料进场检验项目及材料标准。

检验批次:同品种、同规格按 250 件为一批,不足 250 件的按一批计。在每批产品中随机抽取 6 个包装箱,每箱各抽 1 块进行规格尺寸和外观质量检验。从规格尺寸和外观质量检验合格的产品中,随机取样进行物理性能检验。

取样要求:8m²/组。

检测类型:材料检测。

## 5.3.5 膨胀珍珠岩制品(憎水型)

检测项目:表观密度、抗压强度、导热系数、燃烧性能。

检测依据:《屋面工程质量验收规范》GB 50207—2012 中附录 B:屋面保温材料进场检验项目及材料标准。

检验批次:同品种、同规格按 2000 块为一批,不足 2000 块的按一批计。在每批产品中随机抽取 10 块进行规格尺寸和外观质量检验。从规格尺寸和外观质量检验合格的产品中,随机取样进行物理性能检验。

取样要求:8m²/组。

检测类型:材料检测。

## 5.3.6 加气混凝土砌块

检测项目:干密度、抗压强度、导热系数、燃烧性能。

检测依据:《屋面工程质量验收规范》GB 50207—2012 中附录 B:屋面保温材料进场检验项目及材料标准。

检验批次:同品种、同规格、同等级按 200m³ 为一批,不足 200m³ 的按一批计。在每批产品中随机抽取 50 块进行规格尺寸和外观质量检验。从规格尺寸和外观质量检验合格的产品中,随机取样进行物理性能检验。

取样要求:8m²/组。

检测类型:材料检测。

## 5.3.7 泡沫混凝土砌块

检测项目:干密度、抗压强度、导热系数、燃烧性能。

检测依据:《屋面工程质量验收规范》GB 50207—2012 中附录 B:屋面保温材料进场检验项目及材料标准。

检验批次:同品种、同规格、同等级按 200m³ 为一批,不足 200m³ 的按一批计。在每批产品中随机抽取 50 块进行规格尺寸和外观质量检验。从规格尺寸和外观质量检验合格的产品中,随机取样进行物理性能检验。

取样要求:8m²/组。

检测类型：材料检测。

### 5.3.8 玻璃棉、岩棉、矿渣棉制品

检测项目：表观密度导热系数、燃烧性能。

检测依据：《屋面工程质量验收规范》GB 50207—2012 中附录 B：屋面保温材料进场检验项目及材料标准。

检验批次：同原料、同工艺、同品种、同规格按 1000m² 为一批，不足 1000m² 时的按一批计。在每批产品中随机抽取 6 个包装箱或卷进行规格尺寸和外观质量检验，从规格尺寸和外观质量检验合格的产品中，随机抽取 1 个包装箱或卷进行物理性能检验。

取样要求：8m²/组。

检测类型：材料检测。

### 5.3.9 金属面绝热夹芯板

检测项目：玻璃性能、抗弯承载力、防火性能。

检测依据：《屋面工程质量验收规范》GB 50207—2012 中附录 B：屋面保温材料进场检验项目及材料标准。

检验批次：同原料、同生产工艺、同厚度按 150 块为一批，不足 150 块时的按一批计。在每批产品中随机抽取 5 块进行规格尺寸和外观质量检验，从规格尺寸和外观质量检验合格的产品中，随机抽取 3 块进行物理性能检验。

取样要求：3 块/组。

检测类型：材料检测。

### 5.3.10 保温材料应用标准

根据《屋面工程质量验收规范》GB 50207—2012 中附录 B：屋面保温材料进场检验项目及材料标准的要求，现行屋面保温材料产品标准应按表 5.2 选用。

现行屋面保温材料标准　　　　　　　　　　　　　　　　　表 5.2

| 类别 | 标准名称 | 标准编号 |
|---|---|---|
| 聚苯乙烯泡沫塑料 | 1. 绝热用模塑聚苯乙烯泡沫塑料 | GB/T 10801.1 |
| | 2. 绝热用挤塑聚苯乙烯泡沫塑料（XPS） | GB/T 10801.2 |
| 硬质聚氨酯泡沫塑料 | 1. 建筑绝热用硬质聚氨酯泡沫塑料 | GB/T 21558 |
| | 2. 喷涂聚氨酯硬泡体保温材料 | JC/T 998 |
| 无机硬质绝热制品 | 1. 膨胀珍珠岩绝热制品 | GB/T 10303 |
| | 2. 蒸压加气混凝土砌块 | GB/T 11968 |
| | 3. 泡沫玻璃绝热制品 | JC/T 647 |
| | 4. 泡沫混凝土砌块 | JC/T 1062 |

| 类别 | 标准名称 | 标准编号 |
|---|---|---|
| 纤维保温材料 | 1. 建筑绝热用玻璃棉制品 | GB/T 17795 |
| | 2. 建筑用岩棉、矿渣棉绝热制品 | GB/T 19686 |
| 金属面绝热夹芯板 | 建筑用金属面绝热夹芯板 | GB/T 23932 |

## 5.4 采光顶与金属屋面

### 5.4.1 采光顶

检测项目：抗风压、水密、气密性。

检测依据：《采光顶与金属屋面技术规程》JGJ 255—2012 中 4.2.3 条：采光顶与金属屋面的抗风压、水密、气密、热工、空气声隔声和采光等性能分级应符合现行国家标准《建筑幕墙》GB/T 21086 的规定。采光顶性能试验应符合现行国家标准《建筑幕墙气密、水密、抗风压性能检测方法》GB/T 15227 的规定，金属屋面的性能试验应符合本规程附录 A 的规定。

检验批次：同一厂家、同一个系统送检一组。

取样要求：长度：至少一个主龙骨的跨度；宽度：至少三根主龙骨的宽度，需提供测试图纸、结构计算书、设计性能等级要求。

检测类型：材料检测。

### 5.4.2 金属屋面

检测项目：抗风压、水密、气密、抗风掀。

检测依据：《采光顶与金属屋面技术规程》JGJ 255—2012 中 4.2.3 条：采光顶与金属屋面的抗风压、水密、气密、热工、空气声隔声和采光等性能分级应符合现行国家标准《建筑幕墙》GB/T 21086 的规定。采光顶性能试验应符合现行国家标准《建筑幕墙气密、水密、抗风压性能检测方法》GB/T 15227 的规定，金属屋面的性能试验应符合本规程附录 A 的规定。

检验批次：同一厂家、同一个系统送检一组。

取样要求：长度：至少一个主龙骨的跨度；宽度：至少三根主龙骨的宽度，需提供测试图纸、结构计算书、设计性能等级要求。

检测类型：材料检测。

# 6  地下防水工程

## 6.1  编制依据

本章以《地下防水工程质量验收规范》GB 50208—2011 为主要编制依据，其他引用的编制依据如下：

1.《地下工程橡胶防水材料成品检测及工程应用验收标准》DG/TJ 08—2132—2020
2.《聚氯乙烯（PVC）防水卷材》GB 12952
3.《高分子防水材料 第1部分：片材》GB 18173.1
4.《改性沥青聚乙烯胎防水卷材》GB 18967
5.《弹性体改性沥青防水卷材》GB 18242
6.《带自粘层的防水卷材》GB/T 23260
7.《自粘聚合物改性沥青防水卷材》GB 23441
8.《聚合物水泥防水涂料》GB/T 23445
9.《预铺防水卷材》GB/T 23457
10.《聚氨酯防水涂料》GB/T 19250
11.《建筑防水材料用聚合物乳液》JC/T 1017
12.《聚合物乳液建筑防水涂料》JC/T 864
13.《水泥基渗透结晶型防水材料》GB 18445
14.《聚合物水泥防水砂浆》JC/T 984
15. 其他相关现行有效标准等

## 6.2  主体结构防水工程

### 6.2.1  防水混凝土

检测依据：根据《地下防水工程质量验收规范》GB 50208—2011 中 4.1.14 条防水混凝土的原材料、配合比及坍落度必须符合设计要求和 GB 50208—2011 中 4.1.2 条、4.1.13 条等条款对原材料和混凝土的具体技术指标，对以下混凝土和原材料进行质量检测，并参照现行国家标准《混凝土结构工程施工质量验收规范》GB 50204—2015。

#### 6.2.1.1  水泥

检测项目：强度、安定性和凝结时间。

检验批次：按同一厂家、同一品种、同一代号、同一强度等级、同一批号且连续生产的水泥，袋装不超过 200t 为一批，散装不超过 500t 为一批，每批抽样数量不应少于一次。

取样要求：6kg/组。

检测类型：材料检测。

### 6.2.1.2　外加剂

检测项目：

（1）普通型减水剂、高效减水剂、高性能减水剂：减水率、pH 值、密度（细度）、含固量（含水率），早强型还应检测 1d 抗压强度比，缓凝型还应检测凝结时间差；

（2）引气剂、引气减水剂：pH 值、密度（细度）、含固量（含水率）、含气量、含气量经时损失、引气减水剂还应检测减水率；

（3）缓凝剂：pH 值、密度（细度）、含固量（含水率）、混凝土凝结时间差；

（4）泵送剂：pH 值、密度（细度）、含固量（含水率）、减水率、混凝土 1h 坍落度变化值；

（5）速凝剂：密度（细度）、水泥净浆初凝时间和终凝时间。

检验批次：按同一厂家、同一品种、同一性能、同一批号且连续进行的混凝土外加剂，不超过 50t 为一批，每批抽样数量不应少于一次。

取样要求：不少于 0.2t 胶凝材料所用的外加剂量。

检测类型：材料检测。

### 6.2.1.3　矿物掺合料

检测项目：物理性能。

检验批次：按同一厂家、同一品种、同一批号且连续进场的矿物掺合料，粉煤灰、矿渣粉、磷渣粉、钢铁渣粉和复合矿物掺合料不超过 200t 为一批，沸石粉不超过 120t 为一批，硅灰不超过 30t 为一批，每批抽样数量不应少于一次。

取样要求：6kg/组。

检测类型：材料检测。

### 6.2.1.4　混凝土用细骨料和粗骨料

检测项目：细骨料：颗粒级配、含泥量、泥块含量、氯离子、贝壳含量；粗骨料：颗粒级配、含泥量、泥块含量、针片状颗粒含量、压碎值。

检验批次：同产地、同规格的骨料，采用大型工具运输的以不大于 400m³ 或 600t 的产品为一批，采用小型工具运输的以不大于 200m³ 或 300t 的产品为一批，每批抽样不少于 1 次。

取样要求：细骨料不少于 40kg/组；粗骨料不少于 100kg/组。

检测类型：材料检测。

### 6.2.1.5　混凝土拌合用水

检测项目：pH 值、不溶物、可溶物、氯化物、硫酸盐、碱含量、凝结时间差、水泥胶砂抗压强度比。

检验批次：同一水源检查不应少于一次。

取样要求：4L/组。

检测类型：材料检测。

### 6.2.1.6 混凝土配合比验证

检测项目：抗压强度、坍落度与坍落度扩展度、抗渗、氯离子含量，总碱量。

检验批次：同一配合比的混凝土检查不应少于一次。

取样要求：不少于100L/组。

检测类型：材料检测。

### 6.2.1.7 防水混凝土强度

检测项目：抗压强度。

检测依据：《地下防水工程质量验收规范》GB 50208—2011 中 4.1.15 条：防水混凝土的抗压强度和抗渗性能必须符合设计要求。《混凝土结构工程施工质量验收规范》GB 50204—2015 中 7.4.1：混凝土的强度等级必须符合设计要求。

检验批次：对同一配合比混凝土，取样与试件留置应符合下列规定

1. 每拌制 100 盘且不超过 100m³ 时，取样不得少于一次；

2. 每工作班拌制不足 100 盘时，取样不得少于一次；

3. 连续浇筑超过 1000m³ 时，每 200m³ 取样不得少于一次；

4. 每一楼层取样不得少于一次；

5. 每次取样应至少留置一组试件。

取样要求：用于检验混凝土强度的试件应在浇筑地点随机抽取，100mm×100mm×100mm 或 150mm×150mm×150mm 立方体试件一组三块。

### 6.2.1.8 防水混凝土抗渗

检测项目：抗渗性能。

检测依据：《地下防水工程质量验收规范》GB 50208—2011 中 4.1.15 条：防水混凝土的抗压强度和抗渗性能必须符合设计要求。

检验批次：连续浇筑混凝土每 500m³ 应留置一组 6 个抗渗试件，且每项工程不得少于 2 组；采用预拌混凝土的抗渗试件，留置组数应视结构的规模和要求而定。

取样要求：6 个抗渗试件/组。

检测类型：材料检测。

## 6.2.2 防水砂浆

检测项目：掺外加剂、掺合料的防水砂浆：粘结强度、抗渗性、抗折强度、干缩率、吸水率、冻融循环、耐碱性；聚合物水泥防水砂浆：粘结强度、抗渗性、抗折强度、干缩率、吸水率、耐水性。

检测依据：《地下防水工程质量验收规范》GB 50208—2011 中 4.2.7 条：防水砂浆的原

材料及配合比必须符合设计规定；《地下防水工程质量验收规范》GB 50208—2011 中 4.2.8
条：防水砂浆的粘结强度和抗渗性能必须符合设计规定。

检验批次：每 10t 为一批，不足 10t 按一批抽样。

取样要求：常规：6kg。送样单位需提供：组分（单组分 S、双组分 D）、型号（Ⅰ型、
Ⅱ型），单组分需提供加水量，双组分需提供配比。

检测类型：材料检测。

## 6.2.3 卷材防水层

### 6.2.3.1 高聚物改性沥青类防水卷材

检测项目：弹性体改性沥青防水卷材 / 自粘聚合物改性沥青防水卷材（聚酯毡胎体）：
可溶物含量、拉伸性能、低温柔度、热老化后低温柔度、不透水性；自粘聚合物改性沥青
防水卷材（无胎体）：拉伸性能、低温柔度、热老化后低温柔度、不透水性。

检测依据：《地下防水工程质量验收规范》GB 50208—2011 中 4.3.15 条：卷材防水层
所用卷材及其配套材料必须符合设计要求。检验方法：检查产品合格证、产品性能检测报
告和材料进场检验报告；《地下防水工程质量验收规范》GB 50208—2011 中附录 B：地下
工程用防水材料标准及进场抽样检验。

检验批次：大于 1000 卷抽 5 卷，每 500～1000 卷抽 4 卷，100～499 卷抽 3 卷，100
卷以下抽 2 卷，进行规格尺寸和外观质量检验。在外观质量检验合格的卷材中，任取一卷
作物理性能检验。

取样要求：1m² / 组。

检测类型：材料检测。

### 6.2.3.2 合成高分子类防水卷材

检测项目：三元乙丙橡胶防水卷材 / 聚氯乙烯防水卷材 / 高分子自粘胶膜防水卷材：
断裂拉伸强度、断裂伸长率、低温弯折性、不透水性、撕裂强度；聚乙烯丙纶复合防水卷
材：断裂拉伸强度、断裂伸长率、低温弯折性、不透水性、撕裂强度、复合强度（表层与
芯层）。

检测依据：《地下防水工程质量验收规范》GB 50208—2011 中 4.3.15 条：卷材防水层
所用卷材及其配套材料必须符合设计要求。检验方法：检查产品合格证、产品性能检测报
告和材料进场检验报告；《地下防水工程质量验收规范》GB 50208—2011 中附录 B：地下
工程用防水材料标准及进场抽样检验。

检验批次：大于 1000 卷抽 5 卷，每 500～1000 卷抽 4 卷，100～499 卷抽 3 卷，100
卷以下抽 2 卷，进行规格尺寸和外观质量检验。在外观质量检验合格的卷材中，任取一卷
作物理性能检验。

取样要求：1m² / 组。

检测类型：材料检测。

## 6.2.4 涂料防水层

### 6.2.4.1 有机防水涂料

检测项目：可操作时间、潮湿基面粘结强度、抗渗性、浸水168h后拉伸强度、浸水168h后断裂伸长率、耐水性。

检测依据：《地下防水工程质量验收规范》GB 50208—2011 中 4.4.7 条：涂料防水层所用的材料及配合比必须符合设计要求。检验方法：检查产品合格证、产品性能检测报告、计量措施和材料进场检验报告；《地下防水工程质量验收规范》GB 50208—2011 中附录 B：地下工程用防水材料标准及进场抽样检验。

检验批次：每 5t 为一批，不足 5t 按一批抽样。

取样要求：常规 2kg/组。

检测类型：材料检测。

### 6.2.4.2 无机防水涂料

检测项目：掺外加剂、掺合料水泥基防水涂料：抗折强度、粘结强度、一次抗渗性；水泥基渗透结晶型防水涂料：抗折强度、粘结强度、一次抗渗性、二次抗渗性。

检测依据：《地下防水工程质量验收规范》GB 50208—2011 中 4.4.7 条：涂料防水层所用的材料及配合比必须符合设计要求。检验方法：检查产品合格证、产品性能检测报告、计量措施和材料进场检验报告；《地下防水工程质量验收规范》GB 50208—2011 中附录 B：地下工程用防水材料标准及进场抽样检验。

检验批次：每 10t 为一批，不足 10t 按一批抽样。

取样要求：10kg/组，送样单位需提供：型号 C 型，需提供加水量（或掺水量）。

检测类型：材料检测。

## 6.2.5 塑料防水板

检测项目：拉伸强度、断裂延伸率、不透水性、低温弯折性、热处理尺寸变化率。

检测依据：《地下防水工程质量验收规范》GB 50208—2011 中 4.5.8 条：塑料防水板及其配套材料必须符合设计要求。检验方法：检查产品合格证、产品性能检测报告和材料进场检验报告；《地下防水工程质量验收规范》GB 50208—2011 中附录 B：地下工程用防水材料标准及进场抽样检验。

检验批次：塑料防水板防水层分项工程检验批的抽样检验数量，应按铺设面积每 $100m^2$ 抽查 1 处，每处 $10m^2$，且不得少于 3 处。

取样要求：常规：$1m^2$/组，全部物理力学性能：$3m^2$/组。送样单位需提供：分类（均质片：JL1、JL2、JL3、JF1、JF2、JF3、JS1、JS2、JS3）（复合片：FL、FF、FS1、FS2；FS2 必须提供厚度）（自粘片：ZJL1、ZJL2、ZJL3、ZFL、ZJF1、ZJF2、ZJF3、ZFF、ZJS1、ZJS2、ZJS3、ZFS1、ZFS2）（异形片：YS）（点粘片：DS1、DS2、DS3）（条粘片 TS1、TS2、TS3）。

检测类型：材料检测。

### 6.2.6 膨润土防水材料防水层

检测项目：针刺法钠基膨润土防水毯/刺覆膜法钠基膨润土防水毯：单位面积质量、膨润土膨胀指数、渗透系数、滤失量；胶粘法钠基膨润土防水毯：单位面积质量、膨润土膨胀指数、渗透系数、滤失量。

检测依据：《地下防水工程质量验收规范》GB 50208—2011 中 4.7.11 条：膨润土防水材料必须符合设计要求。检验方法：检查产品合格证、产品性能检测报告和材料进场检验报告；《地下防水工程质量验收规范》GB 50208—2011 中附录 B：地下工程用防水材料标准及进场抽样检验。

检验批次：每 100 卷为一批，不足 100 卷按一批抽样；100 卷以下抽 5 卷，进行尺寸偏差和外观质量检验。在外观质量检验合格的卷材中，任取一卷作物理性能检验。

取样要求：1m²/组，送样单位需提供：分类（针刺法钠基膨润土防水毯 GCL—NP、刺覆膜法钠基膨润土防水毯 GCL—OF、胶粘法钠基膨润土防水毯 GCL—AH）、单位面积质量（≥4000g/m²）。

检测类型：材料检测。

## 6.3 细部构造工程

### 6.3.1 橡胶止水带

检测项目：拉伸强度、扯断伸长率、撕裂强度。

检测依据：《地下防水工程质量验收规范》GB 50208—2011 中 5.1.1 条：施工缝用止水带、遇水膨胀止水条或止水胶、水泥基渗透结晶型防水涂料和预埋注浆管必须符合设计要求；《地下防水工程质量验收规范》GB 50208—2011 中 5.2.1 条：变形缝用止水带、填缝材料和密封材料必须符合设计要求；《地下防水工程质量验收规范》GB 50208—2011 中 5.3.1 条：后浇带用遇水膨胀止水条或止水胶、预埋注浆管、外贴式止水带必须符合设计要求；《地下防水工程质量验收规范》GB 50208—2011 中 5.6.1 条：预留通道接头用中埋式止水带、遇水膨胀止水条或止水胶、预埋注浆管、密封材料和可卸式止水带必须符合设计要求；《地下防水工程质量验收规范》GB 50208—2011 中附录 B：地下工程用防水材料标准及进场抽样检验。

检验批次：每月同标记的止水带产量为一批抽样。

取样要求：1m/组，送样单位需提供：分类（S 类、B 类、JX 类、JY 类），是否是钢边止水带。

检测类型：材料检测。

## 6.3.2　遇水膨胀止水条

检测项目：硬度、7d 膨胀率、最终膨胀率、耐热性、低温柔性、耐水性。

检测依据：《地下防水工程质量验收规范》GB 50208—2011 中 5.1.1 条：施工缝用止水带、遇水膨胀止水条或止水胶、水泥基渗透结晶型防水涂料和预埋注浆管必须符合设计要求；《地下防水工程质量验收规范》GB 50208—2011 中 5.3.1 条：后浇带用遇水膨胀止水条或止水胶、预埋注浆管、外贴式止水带必须符合设计要求；《地下防水工程质量验收规范》GB 50208—2011 中 5.4.1 条：穿墙管用遇水膨胀止水条和密封材料必须符合设计要求；《地下防水工程质量验收规范》GB 50208—2011 中 5.6.1 条：预留通道接头用中埋式止水带、遇水膨胀止水条或止水胶、预埋注浆管、密封材料和可卸式止水带必须符合设计要求；《地下防水工程质量验收规范》GB 50208—2011 中 5.7.1 条：桩头用聚合物水泥防水砂浆、水泥基渗透结晶型防水涂料、遇水膨胀止水条或止水胶和密封材料必须符合设计要求；《地下防水工程质量验收规范》GB 50208—2011 中附录 B：地下工程用防水材料标准及进场抽样检验。

检验批次：每 5000m 为一批，不足 5000m 按一批抽样。

取样要求：常规 1m/组，送样单位需提供：PN150、PN220、PN300，颜色一般为黑色。

检测类型：材料检测。

## 6.3.3　遇水膨胀止水胶

检测项目：表干时间、拉伸强度、体积膨胀率。

检测依据：《地下防水工程质量验收规范》GB 50208—2011 中 5.1.1 条：施工缝用止水带、遇水膨胀止水条或止水胶、水泥基渗透结晶型防水涂料和预埋注浆管必须符合设计要求；《地下防水工程质量验收规范》GB 50208—2011 中 5.3.1 条：后浇带用遇水膨胀止水条或止水胶、预埋注浆管、外贴式止水带必须符合设计要求；《地下防水工程质量验收规范》GB 50208—2011 中 5.6.1 条：预留通道接头用中埋式止水带、遇水膨胀止水条或止水胶、预埋注浆管、密封材料和可卸式止水带必须符合设计要求；《地下防水工程质量验收规范》GB 50208—2011 中 5.7.1 条：桩头用聚合物水泥防水砂浆、水泥基渗透结晶型防水涂料、遇水膨胀止水条或止水胶和密封材料必须符合设计要求；《地下防水工程质量验收规范》GB 50208—2011 中附录 B：地下工程用防水材料标准及进场抽样检验。

检验批次：每 5t 为一批，不足 5t 按一批抽样。

取样要求：2kg/组。

检测类型：材料检测。

## 6.3.4　弹性橡胶密封垫材料

检测项目：硬度、伸长率、拉伸强度、压缩永久变形。

检测依据：《地下防水工程质量验收规范》GB 50208—2011 中 5.2.1 条：变形缝用止水

带、填缝材料和密封材料必须符合设计要求；《地下防水工程质量验收规范》GB 50208—2011 中 5.4.1 条：穿墙管用遇水膨胀止水条和密封材料必须符合设计要求；《地下防水工程质量验收规范》GB 50208—2011 中 5.5.1 条：埋设件用密封材料必须符合设计要求；《地下防水工程质量验收规范》GB 50208—2011 中 5.6.1 条：预留通道接头用中埋式止水带、遇水膨胀止水条或止水胶、预埋注浆管、密封材料和可卸式止水带必须符合设计要求；《地下防水工程质量验收规范》GB 50208—2011 中 5.7.1 条：桩头用聚合物水泥防水砂浆、水泥基渗透结晶型防水涂料、遇水膨胀止水条或止水胶和密封材料必须符合设计要求；《地下防水工程质量验收规范》GB 50208—2011 中附录 B：地下工程用防水材料标准及进场抽样检验。

检验批次：同月同标记的密封垫材料产量为一批抽样。

取样要求：常规 1m/组，送样单位需提供分类（氯丁橡胶、三元乙丙橡胶（Ⅰ型、Ⅱ型））。

检测类型：材料检测。

### 6.3.5 遇水膨胀橡胶密封垫胶料

检测项目：硬度、拉伸强度、扯断伸长率、体积膨胀倍率、低温弯折。

检测依据：《地下防水工程质量验收规范》GB 50208—2011 中 5.2.1 条：变形缝用止水带、填缝材料和密封材料必须符合设计要求；《地下防水工程质量验收规范》GB 50208—2011 中 5.4.1 条：穿墙管用遇水膨胀止水条和密封材料必须符合设计要求；《地下防水工程质量验收规范》GB 50208—2011 中 5.5.1 条：埋设件用密封材料必须符合设计要求；《地下防水工程质量验收规范》GB 50208—2011 中 5.6.1 条：预留通道接头用中埋式止水带、遇水膨胀止水条或止水胶、预埋注浆管、密封材料和可卸式止水带必须符合设计要求；《地下防水工程质量验收规范》GB 50208—2011 中 5.7.1 条：桩头用聚合物水泥防水砂浆、水泥基渗透结晶型防水涂料、遇水膨胀止水条或止水胶和密封材料必须符合设计要求；《地下防水工程质量验收规范》GB 50208—2011 中附录 B：地下工程用防水材料标准及进场抽样检验。

检验批次：同月同标记的密封垫材料产量为一批抽样。

取样要求：常规 1m/组，送样单位需提供型号：PZ150、PZ250、PZ400、PZ600，颜色一般为红色。

检测类型：材料检测。

## 6.4 特殊施工法结构防水工程

### 6.4.1 地下连续墙用混凝土

检测项目：抗压强度、抗渗性能。

检测依据:《地下防水工程质量验收规范》GB 50208—2011 中 6.2.3 条:地下连续墙施工时,混凝土应按每一单元槽段留置一组抗压试件,每 5 个槽段留置一组抗渗试件;《地下防水工程质量验收规范》GB 50208—2011 中 6.2.9 条:防水混凝土的抗压强度和抗渗性能必须符合设计要求。

检验批次:混凝土应按每一单元槽段留置一组抗压试件,每 5 个槽段留置一组抗渗试件。

取样要求:抗压试件:100mm×100mm×100mm 或 150mm×150mm×150mm 立方体试件一组三块;抗渗试件:6 个抗渗试件/组。

检测类型:材料检测。

### 6.4.2 钢筋混凝土管片

检测项目:抗压强度、抗渗性能。

检测依据:《地下防水工程质量验收规范》GB 50208—2011 中 6.3.12 条:钢筋混凝土管片的抗压性能和抗渗性能必须符合设计要求。

检验批次:1. 直径 8m 以下隧道,同一配合比按每生产 10 环制作抗压试件一组,每生产 30 环制作抗渗试件一组;2. 直径 8m 以上隧道,同一配合比按每工作台班制作抗压试件一组,每生产 10 环制作抗渗试件一组。

取样要求:抗压试件:100mm×100mm×100mm 或 150mm×150mm×150mm 立方体试件一组三块;抗渗试件:6 个抗渗试件/组。

检测类型:材料检测。

## 6.5 地下工程用橡胶防水材料成品

### 6.5.1 三元乙丙弹性橡胶密封垫

检测项目:截面尺寸、外观质量、硬度、拉伸强度、拉断伸长率、压缩永久变形、热空气老化、含胶量、防霉性、闭合压缩力。

检测依据:《地下工程橡胶防水材料成品检测及工程应用验收标准》DG/TJ 08—2132—2020 中 3.0.4 条:橡胶防水材料进场后,检验应执行见证取样送检制度,并应提供进场检验报告。橡胶防水材料进场检测项目技术指标要求应符合本标准附录 A 的规定;现场抽样成品数量应按本标准附录 B 的要求抽取,并按本标准附录 A 规定的验收项目进行检测;每一个工程项目应至少进行一次全部性能要求的抽样检验。

检验批次:以同标段、同品种、同规格的 300 环橡胶密封垫为一批,从每批中随机抽取 3 环进行外观质量的检验,在上述合格的样品中随机抽取二整框进行物理性能的检验。

取样要求:1m/组,送样单位需提供:分类(氯丁橡胶、三元乙丙橡胶(Ⅰ型、Ⅱ型))。

检测类型：材料检测。

## 6.5.2　遇水膨胀橡胶挡水条

检测项目：尺寸允差、外观、硬度、拉伸强度、拉断伸长率、体积膨胀倍率、析出物、反复浸水试验。

检测依据：同 6.5.1 节。

检验批次：以同标段、同品种、同规格的 1000m 为一批（不足 1000m 按一批计），抽取 1% 进行外观质量检验，并在任意 1m 处随机取 3 点进行规格尺寸检验，在上述合格的样品中随机抽取 3m 进行物理性能检验。

取样要求：1m/组，送样单位需提供：PZ150、PZ250、PZ400、PZ600，颜色一般为红色。

检测类型：材料检测。

## 6.5.3　遇水膨胀螺孔密封圈

检测项目：外观、体积膨胀倍率、析出物、反复浸水试验。

检测依据：同 6.5.1 节。

检验批次：以同品种、同规格的 300 个为一批，每批随机抽取 1 袋（至少 30 个），每批从外观质量合格的样品中进行物理性能检验。

取样要求：1m/组，送样单位需提供：PZ150、PZ250、PZ400、PZ600，颜色一般为红色。

检测类型：材料检测。

## 6.5.4　遇水膨胀橡胶腻子止水条

检测项目：外观、体积膨胀倍率、高温流淌性、低温试验。

检测依据：同 6.5.1 节。

检验批次：以同标段、同品种、同规格的 1000m 为一批（不足 1000m 按一批计），抽取 1% 进行外观质量检验，每批随机抽取 1 根，裁取 1m 进行物理性能检验。

取样要求：1m/组，送样单位需提供：PN150、PN220、PN300，颜色一般为黑色。

检测类型：材料检测。

## 6.5.5　自粘橡胶腻子薄片

检测项目：外观、剪切粘结强度。

检测依据：同 6.5.1 节。

检验批次：以同标段、同品种、同规格的 1000m 为一批（不足 1000m 按一批计），每批从外观质量合格的样品中随机抽取 1m 进行物理性能检验。

取样要求：1m/组。

检测类型：材料检测。

## 6.5.6 软木橡胶垫片

检测项目：外观、硬度、拉伸强度、拉断伸长率。

检测依据：同 6.5.1 节。

检验批次：以同标段、同品种、同规格的 500 环为一批（不足 500 环按一批计），每批从外观质量合格的样品中随机抽取 1m 进行物理性能检验。

取样要求：1m/组，送样单位需提供：纵缝、环缝、变形缝。

检测类型：材料检测。

## 6.5.7 橡胶止水带

检测项目：B、S 类：外观、硬度、拉伸强度、拉断伸长率、压缩永久变形、撕裂强度、脆性温度、热空气老化、臭氧老化、橡胶与金属粘合；JX 类：外观、硬度、拉伸强度、拉断伸长率、压缩永久变形、撕裂强度、脆性温度、热空气老化、臭氧老化、橡胶与帘布粘合强度；JY 类：外观、硬度、拉伸强度、拉断伸长率、压缩永久变形、撕裂强度、脆性温度、热空气老化、臭氧老化。

检测依据：同 6.5.1 节。

检验批次：以同标段、同品种、同规格的 5000m 为一批（不足 5000m 按一批计），每批从外观质量合格的样品中随机抽取 2m 进行物理性能检验。

取样要求：1m/组，送样单位需提供：分类（S 类、B 类、JX 类、JY 类），是否是钢边止水带。

检测类型：材料检测。

## 6.5.8 自粘丁基橡胶钢板止水带

检测项目：外观、橡胶层不挥发物含量、橡胶层低温柔性、橡胶层耐热性、止水带搭接剪切强度、与后浇砂浆正拉粘结强度。

检测依据：同 6.5.1 节。

检验批次：以同标段、同品种、同规格的 2000m 为一批（不足 2000m 按一批计），每批从外观质量合格的样品中随机抽取 2m 进行物理性能检验。

取样要求：1m/组。

检测类型：材料检测。

# 7 建筑装饰装修工程

## 7.1 编制依据

本章以《建筑装饰装修工程质量验收标准》GB 50210—2018 为主要编制依据，其他引用的编制依据如下：

1.《建筑设计防火规范》GB 50016—2014

2.《民用建筑工程室内环境污染控制标准》GB 50325—2020

3.《陶瓷砖》GB/T 4100—2015

4.《建筑材料放射性核素限量》GB 6566—2010

5.《建筑材料及制品燃烧性能分级》GB 8624—2012

6.《中空玻璃》GB/T 11944—2012

7.《硅酮和改性硅酮建筑密封胶》GB/T 14683—2017

8.《建筑用硅酮结构密封胶》GB 16776—2005

9.《建筑幕墙用铝塑复合板》GB/T 17748—2016

10.《室内装饰装修材料 人造板及其制品中甲醛释放限量》GB 18580—2017

11.《聚氨酯防水涂料》GB/T 19250—2013

12.《普通装饰用铝塑复合板》GB/T 22412—2016

13.《石材用建筑密封胶》GB/T 23261—2009

14.《聚合物水泥防水涂料》GB/T 23445—2009

15.《中空玻璃用硅酮结构密封胶》GB 24266—2009

16.《中空玻璃用弹性密封胶》GB/T 29755—2013

17.《干挂饰面石材》GB/T 32834—2016

18.《聚氨酯建筑密封胶》JC/T 482—2003

19.《聚硫建筑密封胶》JC/T 483—2006

20.《丙烯酸酯建筑密封胶》JC/T 484—2006

21.《陶瓷砖胶粘剂》JC/T 547—2017

22.《聚合物乳液建筑防水涂料》JC/T 864—2008

23.《混凝土界面处理剂》JC/T 907—2018

24.《陶瓷砖填缝剂》JC/T 1004—2017

25.《聚合物水泥防水浆料》JC/T 2090—2011

26.其他相关现行有效标准等

## 7.2 抹灰工程

### 7.2.1 一般抹灰工程

#### 7.2.1.1 干混抹灰砂浆

检测项目：保水率、抗压强度、拉伸粘结强度、2h稠度损失率。

检测依据：《建筑装饰装修工程质量验收标准》GB 50210—2018中4.2.1条：一般抹灰所用材料的品种和性能应符合设计要求及国家现行标准的有关规定。

检验批次：同一生产厂家、同一品种、同一等级、同一批号且连续进场的干混砂浆，每500t为一批；不足500t时，应按一个检验批计。

取样要求：25kg/组。

检测类型：材料检测。

#### 7.2.1.2 干混薄层抹灰砂浆

检测项目：保水率、抗压强度、拉伸粘结强度。

检测依据：《建筑装饰装修工程质量验收标准》GB 50210—2018中4.2.1条：一般抹灰所用材料的品种和性能应符合设计要求及国家现行标准的有关规定。

检验批次：同一生产厂家、同一品种、同一等级、同一批号且连续进场的干混砂浆，每200t为一批；不足200t时，应按一个检验批计。

取样要求：25kg/组。

检测类型：材料检测。

### 7.2.2 保温层薄抹灰工程

#### 7.2.2.1 抗裂砂浆

检测项目：拉伸粘结强度。

检测依据：《建筑装饰装修工程质量验收标准》GB 50210—2018中4.3.1条：保温层薄抹灰所用材料的品种和性能应符合设计要求及国家现行标准的有关规定。

检验批次：同一厂家生产的同一品种、同一类型的进场材料应至少抽取一组样品进行复验，当合同或相关产品标准另有更高要求时应按合同或产品标准执行。

取样要求：20kg/组。

检测类型：材料检测。

#### 7.2.2.2 岩棉板

检测项目：密度、导热系数。

检测依据：《建筑装饰装修工程质量验收标准》GB 50210—2018中4.3.1条：保温层薄抹灰所用材料的品种和性能应符合设计要求及国家现行标准的有关规定。

检验批次：同一厂家生产的同一品种、同一类型的进场材料应至少抽取一组样品进行复验，当合同或相关产品标准另有更高要求时应按合同或产品标准执行。

取样要求：6 块 / 组。

检测类型：材料检测。

### 7.2.2.3 抹面胶浆

检测项目：拉伸粘结强度。

检测依据：《建筑装饰装修工程质量验收标准》GB 50210—2018 中 4.3.1 条：保温层薄抹灰所用材料的品种和性能应符合设计要求及国家现行标准的有关规定。

检验批次：同一厂家生产的同一品种、同一类型的进场材料应至少抽取一组样品进行复验，当合同或相关产品标准另有更高要求时应按合同或产品标准执行。

取样要求：20kg / 组。

检测类型：材料检测。

### 7.2.2.4 耐碱网格布

检测项目：单位面积质量、耐碱断裂强度、耐碱断裂强度保留率、断裂伸长率、拉伸断裂强力。

检测依据：《建筑装饰装修工程质量验收标准》GB 50210—2018 中 4.3.1 条：保温层薄抹灰所用材料的品种和性能应符合设计要求及国家现行标准的有关规定。

检验批次：同一厂家生产的同一品种、同一类型的进场材料应至少抽取一组样品进行复验，当合同或相关产品标准另有更高要求时应按合同或产品标准执行。

取样要求：5m² / 组。

检测类型：材料检测。

### 7.2.2.5 锚栓

检测项目：单个锚栓抗拉承载力标准值。

检测依据：《建筑装饰装修工程质量验收标准》GB 50210—2018 中 4.3.1 条：保温层薄抹灰所用材料的品种和性能应符合设计要求及国家现行标准的有关规定。

检验批次：同一厂家生产的同一品种、同一类型的进场材料应至少抽取一组样品进行复验，当合同或相关产品标准另有更高要求时应按合同或产品标准执行。

取样要求：30 套 / 组。

检测类型：材料检测。

## 7.2.3 装饰抹灰工程

### 7.2.3.1 抗裂砂浆

检测项目：拉伸粘结强度。

检测依据：《建筑装饰装修工程质量验收标准》GB 50210—2018 中 4.4.1 条：装饰抹灰工程所用材料的品种和性能应符合设计要求及国家现行标准的有关规定。

检验批次：同一厂家生产的同一品种、同一类型的进场材料应至少抽取一组样品进行复验，当合同或相关产品标准另有更高要求时应按合同或产品标准执行。

取样要求：20kg/组。

检测类型：材料检测。

### 7.2.3.2 岩棉板

检测项目：密度、导热系数。

检测依据：《建筑装饰装修工程质量验收标准》GB 50210—2018 中 4.4.1 条：装饰抹灰工程所用材料的品种和性能应符合设计要求及国家现行标准的有关规定。

检验批次：同一厂家生产的同一品种、同一类型的进场材料应至少抽取一组样品进行复验，当合同或相关产品标准另有更高要求时应按合同或产品标准执行。

取样要求：6块/组。

检测类型：材料检测。

### 7.2.3.3 抹面胶浆

检测项目：拉伸粘结强度。

检测依据：《建筑装饰装修工程质量验收标准》GB 50210—2018 中 4.4.1 条：装饰抹灰工程所用材料的品种和性能应符合设计要求及国家现行标准的有关规定。

检验批次：同一厂家生产的同一品种、同一类型的进场材料应至少抽取一组样品进行复验，当合同或相关产品标准另有更高要求时应按合同或产品标准执行。

取样要求：20kg/组。

检测类型：材料检测。

### 7.2.3.4 耐碱网格布

检测项目：单位面积质量、耐碱断裂强度、耐碱断裂强度保留率、断裂伸长率、拉伸断裂强力。

检测依据：《建筑装饰装修工程质量验收标准》GB 50210—2018 中 4.4.1 条：装饰抹灰工程所用材料的品种和性能应符合设计要求及国家现行标准的有关规定。

检验批次：同一厂家生产的同一品种、同一类型的进场材料应至少抽取一组样品进行复验，当合同或相关产品标准另有更高要求时应按合同或产品标准执行。

取样要求：$5m^2$/组。

检测类型：材料检测。

### 7.2.3.5 锚栓

检测项目：单个锚栓抗拉承载力标准值。

检测依据：《建筑装饰装修工程质量验收标准》GB 50210—2018 中 4.4.1 条：装饰抹灰工程所用材料的品种和性能应符合设计要求及国家现行标准的有关规定。

检验批次：同一厂家生产的同一品种、同一类型的进场材料应至少抽取一组样品进行复验，当合同或相关产品标准另有更高要求时应按合同或产品标准执行。

取样要求：30套/组。

检测类型：材料检测。

## 7.2.4 清水砌体勾缝工程

检测项目：拉伸粘结强度。

检测依据：《建筑装饰装修工程质量验收标准》GB 50210—2018 中 4.5.1 条：清水砌体勾缝所用砂浆的品种和性能应符合设计要求及国家现行标准的有关规定。

检验批次：同一厂家生产的同一品种、同一类型的进场材料应至少抽取一组样品进行复验，当合同或相关产品标准另有更高要求时应按合同或产品标准执行。

取样要求：20kg/组。

检测类型：材料检测。

# 7.3 外墙防水工程

## 7.3.1 防水砂浆工程

### 7.3.1.1 干混普通防水砂浆

检测项目：抗压强度、粘结强度、抗渗性能。

检测依据：《建筑装饰装修工程质量验收标准》GB 50210—2018 中 5.1.3-1 条：1 防水砂浆的粘结强度和抗渗性能；《建筑装饰装修工程质量验收标准》GB 50210—2018 中 5.2.1 条：砂浆防水层所用砂浆品种及性能应符合设计要求及国家现行标准的有关规定。

检验批次：同一生产厂家、同一品种、同一等级、同一批号且连续进场的干混砂浆，每 500t 为一批；不足 500t 时，应按一个检验批计。

取样要求：25kg/组。

检测类型：材料检测。

### 7.3.1.2 聚合物防水砂浆

检测项目：抗压强度、抗折强度、粘结强度、抗渗性能。

检测依据：《建筑装饰装修工程质量验收标准》GB 50210—2018 中 5.1.3-1 条：1 防水砂浆的粘结强度和抗渗性能；《建筑装饰装修工程质量验收标准》GB 50210—2018 中 5.2.1 条：砂浆防水层所用砂浆品种及性能应符合设计要求及国家现行标准的有关规定。

检验批次：每 10t 为一批，不足 10t 按一批抽样。

取样要求：常规：6kg。送样单位需提供：组分（单组分 S、双组分 D）、型号（Ⅰ型、Ⅱ型），单组分需提供加水量，双组分需提供配比。

检测类型：材料检测。

### 7.3.2　涂膜防水层

检测项目：低温柔性、不透水性。

检测依据：《建筑装饰装修工程质量验收标准》GB 50210—2018 中 5.1.3-2 条：2 防水涂料的低温柔性和不透水性；《建筑装饰装修工程质量验收标准》GB 50210—2018 中 5.3.1 条：涂膜防水层所用防水涂料及配套材料的品种及性能应符合设计要求及国家现行标准的有关规定。

检验批次：同一厂家生产的同一品种、同一类型的进场材料应至少抽取一组样品进行复验，当合同或相关产品标准另有更高要求时应按合同或产品标准执行。

取样要求：2kg/组，送样单位需提供：型号（Ⅰ型、Ⅱ型、Ⅲ型）、组分（单组分、多组分）、使用（外露、非外露）、提供配比，配比需明确注明各组分情况。

检测类型：材料检测。

### 7.3.3　透气膜防水层

检测项目：不透水性。

检测依据：《建筑装饰装修工程质量验收标准》GB 50210—2018 中 5.1.3-3 条：3 防水透气膜的不透水性；《建筑装饰装修工程质量验收标准》GB 50210—2018 中 5.4.1 条：透气膜防水层所用透气膜及配套材料的品种及性能应符合设计要求及国家现行标准的有关规定。

检验批次：同一厂家生产的同一品种、同一类型的进场材料应至少抽取一组样品进行复验，当合同或相关产品标准另有更高要求时应按合同或产品标准执行。

取样要求：根据相关产品要求取样。

检测类型：材料检测。

## 7.4　门窗工程

### 7.4.1　木门窗安装工程

#### 7.4.1.1　人造板

检测项目：甲醛释放量、含水率。

检测依据：《建筑装饰装修工程质量验收标准》GB 50210—2018 中 6.1.3-1 条：门窗工程应对下列材料及其性能进行复验：1 人造木板门的甲醛释放量；《建筑装饰装修工程质量验收标准》GB 50210—2018 中 6.2.2 条：木门窗应采用烘干的木材，含水率及饰面质量应符合国家现行标准的有关规定。

检验批次：同一厂家生产的同一品种、同一类型的进场材料应至少抽取一组样品进行复验，当合同或相关产品标准另有更高要求时应按合同或产品标准执行。

取样要求：500mm×500mm，4块。

检测类型：材料检测。

### 7.4.1.2 建筑木外窗

检测项目：抗风压性能、水密性能、气密性能。

检测依据：《建筑装饰装修工程质量验收标准》GB 50210—2018 中 6.1.3-2 条：门窗工程应对下列材料及其性能进行复验：2 建筑外窗的气密性能、水密性能和抗风压性能；《建筑装饰装修工程质量验收标准》GB 50210—2018 中 6.2.1 条：木门窗的品种、类型、规格、尺寸、开启方向、安装位置、连接方式及性能应符合设计要求及国家现行标准的有关规定。

检验批次：同一品种、类型和规格的木门窗、金属门窗、塑料门窗和门窗玻璃每 100 樘应划分为一个检验批，不足 100 樘也应划分为一个检验批。

取样要求：3 樘/组。需加附框，附框装配时附框与窗框在室内侧平面平齐，附框与窗框用紧固件固定牢固，每边必须至少三个紧固件，附框与窗框之间的缝隙用胶密封完好。（1）需注明外窗工程气密性能、抗风压性能、水密性能的设计要求；（2）试件的名称、系列、型号、主要尺寸及结构示意图样，图样包括试件立面、剖面和主要节点、型材和密封条的截面、排水构造及排水孔的位置、主要受力构件的尺寸以及可开启部分的开启方式和五金件的种类、数量及位置；（3）玻璃品种、厚度及镶嵌方法；（4）明确注明有无密封条，如有密封条则应注明密封条的材质；（5）明确注明有无采用密封胶类材料填缝；如果用则应注明密封材料的材质；（6）五金配件的配置。

检测类型：材料检测。

## 7.4.2 金属门窗安装工程

检测项目：抗风压性能、水密性能、气密性能。

检测依据：《建筑装饰装修工程质量验收标准》GB 50210—2018 中 6.1.3-2 条：门窗工程应对下列材料及其性能进行复验：2 建筑外窗的气密性能、水密性能和抗风压性能；《建筑装饰装修工程质量验收标准》GB 50210—2018 中 6.3.1 条：金属门窗的品种、类型、规格、尺寸、性能、开启方向、安装位置、连接方式及门窗的型材壁厚应符合设计要求及国家现行标准的有关规定。

检验批次：同一品种、类型和规格的木门窗、金属门窗、塑料门窗和门窗玻璃每 100 樘应划分为一个检验批，不足 100 樘也应划分为一个检验批。

取样要求：同 7.4.1.2 节。

检测类型：材料检测。

## 7.4.3 塑料门窗安装工程

检测项目：抗风压性能、水密性能、气密性能。

检测依据：《建筑装饰装修工程质量验收标准》GB 50210—2018 中 6.1.3-2 条：门窗

工程应对下列材料及其性能进行复验：2 建筑外窗的气密性能、水密性能和抗风压性能；《建筑装饰装修工程质量验收标准》GB 50210—2018 中 6.4.1 条：塑料门窗的品种、类型、规格、尺寸、性能、开启方向、安装位置、连接方式和填嵌密封处理应符合设计要求及国家现行标准的有关规定，内衬增强型钢的壁厚及设置应符合现行国家标准《建筑用塑料门》GB/T 28886 和《建筑用塑料窗》GB/T 28887 的规定。

检验批次：同一品种、类型和规格的木门窗、金属门窗、塑料门窗和门窗玻璃每 100 樘应划分为一个检验批，不足 100 樘也应划分为一个检验批。

取样要求：同 7.4.1.2 节。

检测类型：材料检测。

## 7.5 吊顶工程

### 7.5.1 整体面层吊顶工程

检测项目：静载试验。

检测依据：《建筑装饰装修工程质量验收标准》GB 50210—2018 中 7.2.4 条：吊杆和龙骨的材质、规格、安装间距及连接方式应符合设计要求。

检验批次：同一厂家生产的同一品种、同一类型的进场材料应至少抽取一组样品进行复验，当合同或相关产品标准另有更高要求时应按合同或产品标准执行。

取样要求：承载龙骨 1.2m 长 3 根，覆面龙骨 1.2m 长 3 根，大吊小吊各 4 个。

检测类型：材料检测。

### 7.5.2 板块面层吊顶工程

#### 7.5.2.1 铝单板

检测项目：抗拉强度、伸长率。

检测依据：《建筑装饰装修工程质量验收标准》GB 50210—2018 中 7.3.2 条：面层材料的材质、品种、规格、图案、颜色和性能应符合设计要求及国家现行标准的有关规定。

检验批次：同一厂家生产的同一品种、同一类型的进场材料应至少抽取一组样品进行复验，当合同或相关产品标准另有更高要求时应按合同或产品标准执行。

取样要求：根据相关产品要求取样。

检测类型：材料检测。

#### 7.5.2.2 人造板

检测项目：甲醛释放量。

检测依据：《建筑装饰装修工程质量验收标准》GB 50210—2018 中 7.1.3 条：吊顶工程应对人造木板的甲醛释放量进行复验；《建筑装饰装修工程质量验收标准》GB 50210—2018 中 7.3.2 条：面层材料的材质、品种、规格、图案、颜色和性能应符合设计要求及国家现行标准的有关规定。

检验批次：同一厂家生产的同一品种、同一类型的进场材料应至少抽取一组样品进行复验，当合同或相关产品标准另有更高要求时应按合同或产品标准执行。

取样要求：500mm×500mm，4块。

检测类型：材料检测。

### 7.5.2.3 轻钢龙骨

检测项目：静载试验。

检测依据：《建筑装饰装修工程质量验收标准》GB 50210—2018 中 7.3.4 条：吊杆和龙骨的材质、规格、安装间距及连接方式应符合设计要求。

检验批次：同一厂家生产的同一品种、同一类型的进场材料应至少抽取一组样品进行复验，当合同或相关产品标准另有更高要求时应按合同或产品标准执行。

取样要求：承载龙骨 1.2m 长 3 根，覆面龙骨 1.2m 长 3 根，大吊小吊各 4 个。

检测类型：材料检测。

## 7.6 轻质隔墙工程

### 7.6.1 板材隔墙工程

#### 7.6.1.1 人造板

检测项目：甲醛释放量。

检测依据：《建筑装饰装修工程质量验收标准》GB 50210—2018 中 8.1.3 条：轻质隔墙工程应对人造木板的甲醛释放量进行复验。

检验批次：同一厂家生产的同一品种、同一类型的进场材料应至少抽取一组样品进行复验，当合同或相关产品标准另有更高要求时应按合同或产品标准执行。

取样要求：500mm×500mm，4块。

检测类型：材料检测。

#### 7.6.1.2 石膏板

检测项目：隔声、隔热、阻燃、防潮。

检测依据：《建筑装饰装修工程质量验收标准》GB 50210—2018 中 8.2.1 条：隔墙板材的品种、规格、颜色和性能应符合设计要求。有隔声、隔热、阻燃和防潮等特殊要求的工程，板材应有相应性能等级的检验报告。

检验批次：同一厂家生产的同一品种、同一类型的进场材料应至少抽取一组样品进行复验，当合同或相关产品标准另有更高要求时应按合同或产品标准执行。

取样要求：根据相关产品要求取样。

检测类型：材料检测。

## 7.6.2 骨架隔墙工程

### 7.6.2.1 人造板

检测项目：甲醛释放量、含水率。

检测依据：《建筑装饰装修工程质量验收标准》GB 50210—2018 中 8.1.3 条：轻质隔墙工程应对人造木板的甲醛释放量进行复验；《建筑装饰装修工程质量验收标准》GB 50210—2018 中 8.3.1 条：骨架隔墙所用龙骨、配件、墙面板、填充材料及嵌缝材料的品种、规格、性能和木材的含水率应符合设计要求。有隔声、隔热、阻燃和防潮等特殊要求的工程，材料应有相应性能等级的检验报告。

检验批次：同一厂家生产的同一品种、同一类型的进场材料应至少抽取一组样品进行复验，当合同或相关产品标准另有更高要求时应按合同或产品标准执行。

取样要求：500mm×500mm，8 块。

检测类型：材料检测。

### 7.6.2.2 石膏板

检测项目：隔声、隔热、阻燃、防潮。

检测依据：《建筑装饰装修工程质量验收标准》GB 50210—2018 中 8.3.1 条：骨架隔墙所用龙骨、配件、墙面板、填充材料及嵌缝材料的品种、规格、性能和木材的含水率应符合设计要求。有隔声、隔热、阻燃和防潮等特殊要求的工程，材料应有相应性能等级的检验报告。

检验批次：同一厂家生产的同一品种、同一类型的进场材料应至少抽取一组样品进行复验，当合同或相关产品标准另有更高要求时应按合同或产品标准执行。

取样要求：根据相关产品要求取样。

检测类型：材料检测。

## 7.6.3 活动隔墙工程

检测项目：燃烧性能、甲醛释放量。

检测依据：《建筑装饰装修工程质量验收标准》GB 50210—2018 中 8.4.1 条：活动隔墙所用墙板、轨道、配件等材料的品种、规格、性能和人造木板甲醛释放量、燃烧性能应符合设计要求。

检验批次：同一厂家生产的同一品种、同一类型的进场材料应至少抽取一组样品进行复验，当合同或相关产品标准另有更高要求时应按合同或产品标准执行。

取样要求：根据相关产品要求取样。

检测类型：材料检测。

## 7.7 饰面板工程

### 7.7.1 石板安装工程

#### 7.7.1.1 花岗石板

检测项目：放射性。

检测依据：《建筑装饰装修工程质量验收标准》GB 50210—2018 中 9.1.3-1 条：饰面板工程应对下列材料及性能指标进行复验。1 室内用花岗石板的放射性；《建筑装饰装修工程质量验收标准》GB 50210—2018 中 9.2.1 条：石板的品种、规格、颜色和性能应符合设计要求及国家现行标准的有关规定。

检验批次：同一厂家生产的同一品种、同一类型的进场材料应至少抽取一组样品进行复验，当合同或相关产品标准另有更高要求时应按合同或产品标准执行。

取样要求：3kg（重量满足即可，对规格尺寸不做要求）。

检测类型：材料检测。

#### 7.7.1.2 水泥基粘结材料

检测项目：粘结强度。

检测依据：《建筑装饰装修工程质量验收标准》GB 50210—2018 中 9.1.3-2 条：饰面板工程应对下列材料及性能指标进行复验：2 水泥基粘结料的粘结强度。

检验批次：同一厂家生产的同一品种、同一类型的进场材料应至少抽取一组样品进行复验，当合同或相关产品标准另有更高要求时应按合同或产品标准执行。

取样要求：10kg，需提供水灰比和型号规格。

检测类型：材料检测。

#### 7.7.1.3 石板安装预埋件（或后置埋件）

检测项目：现场拉拔检测。

检测依据：《建筑装饰装修工程质量验收标准》GB 50210—2018 中 9.2.3 条：石板安装工程的预埋件（或后置埋件）、连接件的材质、数量、规格、位置、连接方法和防腐处理应符合设计要求。后置埋件的现场拉拔力应符合设计要求。

检验批次：1. 相同材料、工艺和施工条件的室内饰面板工程每 50 间应划分为一个检验批，不足 50 间也应划分为一个检验批，大面积房间和走廊可按饰面板面积每 30m² 计为 1 间；2. 相同材料、工艺和施工条件的室外饰面板工程每 1000m² 应划分为一个检验批，不足 1000m² 时也应划分为一个检验批。

检测类型：现场检测。

#### 7.7.1.4 满粘法外墙石板

检测项目：现场检测粘结强度（石板与基层）。

检测依据：《建筑装饰装修工程质量验收标准》GB 50210—2018 中 9.2.4 条：采用满

粘法施工的石板工程，石板与基层之间的粘结料应饱满、无空鼓。石板粘结应牢固。

检验批次：1. 相同材料、工艺和施工条件的室内饰面板工程每 50 间应划分为一个检验批，不足 50 间也应划分为一个检验批，大面积房间和走廊可按饰面板面积每 $30m^2$ 计为 1 间；2. 相同材料、工艺和施工条件的室外饰面板工程每 $1000m^2$ 应划分为一个检验批，不足 $1000m^2$ 时也应划分为一个检验批。

检测类型：现场检测。

## 7.7.2　陶瓷板安装工程

### 7.7.2.1　外墙陶瓷板

检测项目：吸水率、抗冻性（严寒和寒冷地区）。

检测依据：《建筑装饰装修工程质量验收标准》GB 50210—2018 中 9.1.3-3、9.1.3-4 条：饰面板工程应对下列材料及性能指标进行复验：3 外墙陶瓷板的吸水率；4 严寒和寒冷地区外墙陶瓷板的抗冻性。《建筑装饰装修工程质量验收标准》GB 50210—2018 中 9.3.1 条：陶瓷板的品种、规格、颜色和性能应符合设计要求及国家现行标准的有关规定。

检验批次：同一厂家生产的同一品种、同一类型的进场材料应至少抽取一组样品进行复验，当合同或相关产品标准另有更高要求时应按合同或产品标准执行。

取样要求：根据相关产品要求取样。

检测类型：材料检测。

### 7.7.2.2　水泥基粘结材料

检测项目：粘结强度。

检测依据：《建筑装饰装修工程质量验收标准》GB 50210—2018 中 9.1.3-2 条：饰面板工程应对下列材料及性能指标进行复验：2 水泥基粘结料的粘结强度。

检验批次：同一厂家生产的同一品种、同一类型的进场材料应至少抽取一组样品进行复验，当合同或相关产品标准另有更高要求时应按合同或产品标准执行。

取样要求：10kg，需提供水灰比和型号规格。

检测类型：材料检测。

### 7.7.2.3　陶瓷板安装预埋件（或后置埋件）

检测项目：现场拉拔检测。

检测依据：《建筑装饰装修工程质量验收标准》GB 50210—2018 中 9.3.3 条：陶瓷板安装工程的预埋件（或后置埋件）、连接件的材质、数量、规格、位置、连接方法和防腐处理应符合设计要求。

检验批次：1. 相同材料、工艺和施工条件的室内饰面板工程每 50 间应划分为一个检验批，不足 50 间也应划分为一个检验批，大面积房间和走廊可按饰面板面积每 $30m^2$ 计为 1 间；2. 相同材料、工艺和施工条件的室外饰面板工程每 $1000m^2$ 应划分为一个检验批，不足 $1000m^2$ 时也应划分为一个检验批。

检测类型：现场检测。

#### 7.7.2.4　满粘法外墙陶瓷板

检测项目：现场检测粘结强度（陶瓷板与基层）。

检测依据：《建筑装饰装修工程质量验收标准》GB 50210—2018 中 9.3.4 条：采用满粘法施工的陶瓷板工程，陶瓷板与基层之间的粘结料应饱满、无空鼓。陶瓷板粘结应牢固。

检验批次：1. 相同材料、工艺和施工条件的室内饰面板工程每 50 间应划分为一个检验批，不足 50 间也应划分为一个检验批，大面积房间和走廊可按饰面板面积每 30m² 计为 1 间；2. 相同材料、工艺和施工条件的室外饰面板工程每 1000m² 应划分为一个检验批，不足 1000m² 时也应划分为一个检验批。

检测类型：现场检测。

### 7.7.3　木板安装工程

检测项目：甲醛释放量。

检测依据：《建筑装饰装修工程质量验收标准》GB 50210—2018 中 9.1.3-1 条：饰面板工程应对下列材料及性能指标进行复验：1 室内用人造木板的甲醛释放量。

检验批次：同一厂家生产的同一品种、同一类型的进场材料应至少抽取一组样品进行复验，当合同或相关产品标准另有更高要求时应按合同或产品标准执行。

取样要求：500mm×500mm，4 块。

检测类型：材料检测。

## 7.8　饰面砖工程

### 7.8.1　内墙饰面砖

检测项目：放射性。

检测依据：《建筑装饰装修工程质量验收标准》GB 50210—2018 中 10.1.3-1 条：饰面砖工程应对下列材料及其性能指标进行复验：1 室内用花岗石和瓷质饰面砖的放射性；《建筑装饰装修工程质量验收标准》GB 50210—2018 中 10.2.1 条：内墙饰面砖的品种、规格、图案、颜色和性能应符合设计要求及国家现行标准的有关规定。

检验批次：同一厂家生产的同一品种、同一类型的进场材料应至少抽取一组样品进行复验，当合同或相关产品标准另有更高要求时应按合同或产品标准执行。

取样要求：3kg（重量满足即可，对规格尺寸不做要求）。

检测类型：材料检测。

### 7.8.2 外墙饰面砖

#### 7.8.2.1 外墙陶瓷饰面砖

检测项目：吸水率、抗冻性（严寒及寒冷地区）。

检测依据：《建筑装饰装修工程质量验收标准》GB 50210—2018 中 10.1.3-3、10.1.3-4 条：饰面砖工程应对下列材料及其性能指标进行复验：3 外墙陶瓷饰面砖的吸水率；4 严寒及寒冷地区外墙陶瓷饰面砖的抗冻性。《建筑装饰装修工程质量验收标准》GB 50210—2018 中 10.3.1 条：外墙饰面砖的品种、规格、图案、颜色和性能应符合设计要求及国家现行标准的有关规定。

检验批次：同一厂家生产的同一品种、同一类型的进场材料应至少抽取一组样品进行复验，当合同或相关产品标准另有更高要求时应按合同或产品标准执行。

取样要求：根据相关产品要求取样。

检测类型：材料检测。

#### 7.8.2.2 水泥基粘结材料

检测项目：与外墙饰面砖的拉伸粘结强度。

检测依据：《建筑装饰装修工程质量验收标准》GB 50210—2018 中 10.1.3-2 条：饰面砖工程应对下列材料及其性能指标进行复验：水泥基粘结材料与所用外墙饰面砖的拉伸粘结强度。

检验批次：同一厂家生产的同一品种、同一类型的进场材料应至少抽取一组样品进行复验，当合同或相关产品标准另有更高要求时应按合同或产品标准执行。

取样要求：10kg，需提供水灰比和型号规格。

检测类型：材料检测。

#### 7.8.2.3 外墙陶瓷饰面砖现场检测

检测项目：现场检测粘结强度。

检测依据：《建筑装饰装修工程质量验收标准》GB 50210—2018 中 10.3.4 条：外墙饰面砖粘贴应牢固。检验方法：检查外墙饰面砖粘结强度检验报告和施工记录。

检验批次：1. 相同材料、工艺和施工条件的室内饰面板工程每 50 间应划分为一个检验批，不足 50 间也应划分为一个检验批，大面积房间和走廊可按饰面板面积每 30m² 计为 1 间；2. 相同材料、工艺和施工条件的室外饰面板工程每 1000m² 应划分为一个检验批，不足 1000m² 时也应划分为一个检验批。

检测类型：现场检测。

## 7.9 幕墙工程

### 7.9.1 后置埋件和槽式预埋件

检测项目：现场拉拔检测。

检测依据：《建筑装饰装修工程质量验收标准》GB 50210—2018 中 11.1.2–5 条：幕墙工程验收时应检查下列文件和记录：5 后置埋件和槽式预埋件的现场拉拔力检验报告。

检验批次：1.相同设计、材料、工艺和施工条件的幕墙工程每1000m² 划分为一个检验批，不足1000m² 时也应划分为一个检验批；2.同一单位工程不连续的幕墙工程应单独划分检验批。

检测类型：现场检测。

## 7.9.2 封闭式幕墙

检测项目：气密性能、水密性能、抗风压性能及层间变形性能。

检测依据：《建筑装饰装修工程质量验收标准》GB 50210—2018 中 11.1.2–6 条：幕墙工程验收时应检查下列文件和记录：封闭式幕墙的气密性能、水密性能、抗风压性能及层间变形性能检验报告。

检验批次：1. 相同设计、材料、工艺和施工条件的幕墙工程每 1000m² 应划分为一个检验批，不足 1000m² 时也应划分为一个检验批；2.同一单位工程不连续的幕墙工程应单独划分检验批。

检测类型：现场检测。

## 7.9.3 铝塑复合板

检测项目：剥离强度。

检测依据：《建筑装饰装修工程质量验收标准》GB 50210—2018 中 11.1.3–1 条：幕墙工程应对下列材料及其性能指标进行复验：1 铝塑复合板的剥离强度。

检验批次：同一厂家生产的同一品种、同一类型的进场材料应至少抽取一组样品进行复验，当合同或相关产品标准另有更高要求时应按合同或产品标准执行。

取样要求：横向 25mm×350mm，6 块，纵向：25mm×350mm，6 块。

检测类型：材料检测。

## 7.9.4 石材、瓷板、陶板、微晶玻璃板、木纤维板、纤维水泥板和石材蜂窝板

检测项目：抗弯强度、抗冻性（严寒、寒冷地区，微晶玻璃板不做此性能）。

检测依据：《建筑装饰装修工程质量验收标准》GB 50210—2018 中 11.1.3–2 条：幕墙工程应对下列材料及其性能指标进行复验：2 石材、瓷板、陶板、微晶玻璃板、木纤维板、纤维水泥板和石材蜂窝板的抗弯强度；严寒、寒冷地区石材、瓷板、陶板、纤维水泥板和石材蜂窝板的抗冻性；室内用花岗石的放射性。

检验批次：同一厂家生产的同一品种、同一类型的进场材料应至少抽取一组样品进行复验，当合同或相关产品标准另有更高要求时应按合同或产品标准执行。

取样要求：石材：350mm×100mm×30mm，10 块；瓷板、陶板、微晶玻璃板：300mm×300mm，10 块；石材蜂窝板：200mm×100mm，10 块。

检测类型：材料检测。

### 7.9.5　室内用花岗石

检测项目：放射性。

检测依据：《建筑装饰装修工程质量验收标准》GB 50210—2018 中 11.1.3-2 条：幕墙工程应对下列材料及其性能指标进行复验：2 石材、瓷板、陶板、微晶玻璃板、木纤维板、纤维水泥板和石材蜂窝板的抗弯强度；严寒、寒冷地区石材、瓷板、陶板、纤维水泥板和石材蜂窝板的抗冻性；室内用花岗石的放射性。

检验批次：同一厂家生产的同一品种、同一类型的进场材料应至少抽取一组样品进行复验，当合同或相关产品标准另有更高要求时应按合同或产品标准执行。

取样要求：3kg（重量满足即可，对规格尺寸不做要求）。

检测类型：材料检测。

### 7.9.6　幕墙用结构胶

检测项目：邵氏硬度、标准条件拉伸粘结强度、相容性试验、剥离粘结性试验。

检测依据：《建筑装饰装修工程质量验收标准》GB 50210—2018 中 11.1.3-3 条：幕墙工程应对下列材料及其性能指标进行复验：3 幕墙用结构胶的邵氏硬度、标准条件拉伸粘结强度、相容性试验、剥离粘结性试验；石材用密封胶的污染性。

检验批次：同一厂家生产的同一品种、同一类型的进场材料应至少抽取一组样品进行复验，当合同或相关产品标准另有更高要求时应按合同或产品标准执行。

取样要求：结构胶 2 支/组。1.拉伸粘结强度需提供工程实际用基材 5 块，尺寸 75mm×50mm；2.相容性需提供工程实际用附件 1m；3.玻璃粘结性需提供工程实际用基材 2 块，尺寸 150mm×75mm。

检测类型：材料检测。

### 7.9.7　石材用密封胶

检测项目：污染性。

检测依据：《建筑装饰装修工程质量验收标准》GB 50210—2018 中 11.1.3-3 条：幕墙工程应对下列材料及其性能指标进行复验：3 幕墙用结构胶的邵氏硬度、标准条件拉伸粘结强度、相容性试验、剥离粘结性试验；石材用密封胶的污染性。

检验批次：同一厂家生产的同一品种、同一类型的进场材料应至少抽取一组样品进行复验，当合同或相关产品标准另有更高要求时应按合同或产品标准执行。

取样要求：2 支胶，需提供工程实际用石材 24 块，尺寸 75mm×25mm×25mm。

检测类型：材料检测。

### 7.9.8　中空玻璃

检测项目：密封性（露点）。

检测依据：《建筑装饰装修工程质量验收标准》GB 50210—2018 中 11.1.3-4 条：幕墙工程应对下列材料及其性能指标进行复验：4 中空玻璃的密封性能。

检验批次：同一厂家生产的同一品种、同一类型的进场材料应至少抽取一组样品进行复验，当合同或相关产品标准另有更高要求时应按合同或产品标准执行。

取样要求：《中空玻璃》GB/T 11944—2012 样品数量：510mm×360mm，15 块；《建筑节能工程施工质量验收标准》GB 50411—2019 样品数量:厚度规格一致的中空玻璃 10 块，尺寸不限。

检测类型：材料检测。

### 7.9.9 防火、保温材料

检测项目：燃烧性能。

检测依据：《建筑装饰装修工程质量验收标准》GB 50210—2018 中 11.1.3-5 条：幕墙工程应对下列材料及其性能指标进行复验：5 防火、保温材料的燃烧性能。

检验批次：同一厂家生产的同一品种、同一类型的进场材料应至少抽取一组样品进行复验，当合同或相关产品标准另有更高要求时应按合同或产品标准执行。

取样要求：$8m^2$/ 组。

检测类型：材料检测。

### 7.9.10 铝材、钢材主受力杆件

检测项目：抗拉强度。

检测依据：《建筑装饰装修工程质量验收标准》GB 50210—2018 中 11.1.3-6 条：幕墙工程应对下列材料及其性能指标进行复验：6 铝材、钢材主受力杆件的抗拉强度。

检验批次：同一厂家生产的同一品种、同一类型的进场材料应至少抽取一组样品进行复验，当合同或相关产品标准另有更高要求时应按合同或产品标准执行。

取样要求：钢材 450mm 长 2 段。

检测类型：材料检测。

## 7.10 涂饰工程

### 7.10.1 水性涂料涂饰工程

检测项目：有害物质限量。

检测依据：《建筑装饰装修工程质量验收标准》GB 50210—2018 中 12.2.1 条：水性涂料涂饰工程所用涂料的品种、型号和性能应符合设计要求及国家现行标准的有关规定。检验方法：检查产品合格证书、性能检验报告、有害物质限量检验报告和进场验收记录。

检验批次：同一厂家生产的同一品种、同一类型的进场材料应至少抽取一组样品进行

复验，当合同或相关产品标准另有更高要求时应按合同或产品标准执行。

取样要求：1kg/组。

检测类型：材料检测。

### 7.10.2 溶剂型涂料涂饰工程

检测项目：有害物质限量。

检测依据：《建筑装饰装修工程质量验收标准》GB 50210—2018 中 12.3.1 条：溶剂型涂料涂饰工程所选用涂料的品种、型号和性能应符合设计要求及国家现行标准的有关规定。检验方法：检查产品合格证书、性能检验报告、有害物质限量检验报告和进场验收记录。

检验批次：同一厂家生产的同一品种、同一类型的进场材料应至少抽取一组样品进行复验，当合同或相关产品标准另有更高要求时应按合同或产品标准执行。

取样要求：1kg/组。

检测类型：材料检测。

### 7.10.3 美术涂饰工程

检测项目：有害物质限量。

检测依据：《建筑装饰装修工程质量验收标准》GB 50210—2018 中 12.4.1 条：美术涂饰工程所用材料的品种、型号和性能应符合设计要求及国家现行标准的有关规定。检验方法：检查产品合格证书、性能检验报告、有害物质限量检验报告和进场验收记录。

检验批次：同一厂家生产的同一品种、同一类型的进场材料应至少抽取一组样品进行复验，当合同或相关产品标准另有更高要求时应按合同或产品标准执行。

取样要求：1kg/组。

检测类型：材料检测。

## 7.11 裱糊与软包工程

### 7.11.1 封闭底漆、胶粘剂、涂料

检测项目：有害物质限量

检测依据：《建筑装饰装修工程质量验收标准》GB 50210—2018 中 13.1.2-4 条：裱糊与软包工程验收时应检查下列资料：

4 饰面材料及封闭底漆、胶粘剂、涂料的有害物质限量检验报告。

检验批次：同一厂家生产的同一品种、同一类型的进场材料应至少抽取一组样品进行复验，当合同或相关产品标准另有更高要求时应按合同或产品标准执行。

取样要求：1kg/组。

检测类型：材料检测。

## 7.11.2 壁纸、墙布

检测项目：有害物质限量、燃烧性能。

检测依据：《建筑装饰装修工程质量验收标准》GB 50210—2018 中 13.1.2-4 条：裱糊与软包工程验收时应检查下列资料：4 饰面材料及封闭底漆、胶粘剂、涂料的有害物质限量检验报告；《建筑装饰装修工程质量验收标准》GB 50210—2018 中 13.2.1 条：壁纸、墙布的种类、规格、图案、颜色和燃烧性能等级应符合设计要求及国家现行标准的有关规定。

检验批次：同一厂家生产的同一品种、同一类型的进场材料应至少抽取一组样品进行复验，当合同或相关产品标准另有更高要求时应按合同或产品标准执行。

取样要求：根据相关产品要求取样。

检测类型：材料检测。

## 7.11.3 人造板

检测项目：含水率、甲醛释放量、燃烧性能

检测依据：《建筑装饰装修工程质量验收标准》GB 50210—2018 中 13.1.3 条：软包工程应对木材的含水率及人造木板的甲醛释放量进行复验；《建筑装饰装修工程质量验收标准》GB 50210—2018 中 13.3.2 条：软包边框所选木材的材质、花纹、颜色和燃烧性能等级应符合设计要求及国家现行标准的有关规定。

检验批次：同一厂家生产的同一品种、同一类型的进场材料应至少抽取一组样品进行复验，当合同或相关产品标准另有更高要求时应按合同或产品标准执行。

取样要求：根据相关产品要求取样。

检测类型：材料检测。

# 8 建筑给水排水及采暖工程

## 8.1 编制依据

本章以《建筑给水排水与节水通用规范》GB 55020—2021 为主要编制依据，其他引用的编制依据如下：

1.《建筑给水排水设计标准》GB 50015—2019

2. 其他相关现行有效标准等

## 8.2 室内给水系统

### 8.2.1 给水管材

检测项目：卫生性能、静液压试验。

检测依据：《建筑给水排水与节水通用规范》GB 55020—2021 中 8.1.2 条：建筑给水排水节水工程所使用的主要材料和设备应具有中文质量证明文件、性能检测报告，进场时应做检查验收；《建筑给水排水与节水通用规范》GB 55020—2021 中 8.1.3 条：生活饮用水系统的涉水产品应满足卫生安全的要求。

检验批次：根据相关产品标准和规定制定检验批次。

取样要求：8 根 1m 管材 / 组。

检测类型：材料检测。

### 8.2.2 给水管件

检测项目：卫生性能、静液压试验。

检测依据：《建筑给水排水与节水通用规范》GB 55020—2021 中 8.1.2 条：建筑给水排水节水工程所使用的主要材料和设备应具有中文质量证明文件、性能检测报告，进场时应做检查验收；《建筑给水排水与节水通用规范》GB 55020—2021 中 8.1.3 条：生活饮用水系统的涉水产品应满足卫生安全的要求。

检验批次：根据相关产品标准和规定制定检验批次。

取样要求：15 只。

检测类型：材料检测。

## 8.3 室内热水供应系统

检测项目：静液压试验。

检测依据：《建筑给水排水与节水通用规范》GB 55020—2021 中 8.1.2 条：建筑给水排水节水工程所使用的主要材料和设备应具有中文质量证明文件、性能检测报告，进场时应做检查验收；《建筑给水排水与节水通用规范》GB 55020—2021 中 8.1.3 条：生活饮用水系统的涉水产品应满足卫生安全的要求。

检验批次：根据相关产品标准和规定制定检验批次。

取样要求：8 根 1m 管材。

检测类型：材料检测。

## 8.4 室外给水管网

检测项目：卫生性能、静液压试验。

检测依据：《建筑给水排水与节水通用规范》GB 55020—2021 中 8.1.2 条：建筑给水排水节水工程所使用的主要材料和设备应具有中文质量证明文件、性能检测报告，进场时应做检查验收；《建筑给水排水与节水通用规范》GB 55020—2021 中 8.1.3 条：生活饮用水系统的涉水产品应满足卫生安全的要求。

检验批次：根据相关产品标准和规定制定检验批次。

取样要求：8 根 1m 管材 / 组。

检测类型：材料检测。

# 9 通风与空调工程

## 9.1 编制依据

本章以《通风与空调工程施工质量验收规范》GB 50243—2016 为主要编制依据，其他引用的编制依据如下：

1.《钢结构工程施工质量验收标准》GB 50205—2020
2.《建筑节能工程施工质量验收标准》GB 50411—2019
3.《组合式空调机组》GB/T 14294—2008
4.《现场设备、工业管道焊接工程施工规范》GB 50236—2011
5.《制冷设备、空气分离设备安装工程施工及验收规范》GB 50274—2010
6.《建筑通风和排烟系统用防火阀门》GB 15930—2007
7. 其他相关现行有效标准等

## 9.2 风管与配件

### 9.2.1 风管

检测项目：漏风量。

检测依据：《通风与空调工程施工质量验收规范》GB 50243—2016 中 4.2.1 条：2 矩形金属风管的严密性检验，在工作压力下的风管允许漏风量应符合本规范表 4.2.1 的规定；3 低压、中压圆形金属与复合材料风管，以及采用非法兰形式的非金属风管允许的漏风量，应为矩形金属风管规定值的 50%。

检验批次要求：检验样本风管宜为 3 节及以上组成，且总表面积不应少于 15m²。

检测类型：现场检测。

### 9.2.2 防火风管与配件

检测项目：耐火极限。

检测依据：《通风与空调工程施工质量验收规范》GB 50243—2016 中 4.2.2 条：防火风管的本体、框架与固定材料、密封垫料等必须采用不燃材料，防火风管的耐火极限时间应符合系统防火设计的规定。

检验批次和取样要求：根据相关产品标准和技术规程要求送样。

检测类型：材料检测。

### 9.2.3 复合材料风管

检测项目：不燃性。

检测依据：《通风与空调工程施工质量验收规范》GB 50243—2016 中 4.2.5 条：复合材料风管的覆面材料必须采用不燃材料，内层的绝热材料应采用不燃或难燃且对人体无害的材料。

检验批次和取样要求：根据相关产品标准和技术规程要求送样。

检测类型：材料检测。

## 9.3 风管系统安装

检测项目：漏风量。

检测依据：《通风与空调工程施工质量验收规范》GB 50243—2016 中 6.2.9 条：风管系统安装完毕后，应按系统类别要求进行施工质量外观检验。合格后，应进行风管系统的严密性检验，漏风量除应符合设计要求和本规范第 4.2.1 条的规定外，尚应符合下列规定：1 当风管系统严密性检验出现不合格时，除应修复不合格的系统外，受检方应申请复验或复检；2 净化空调系统进行风管严密性检验时，N1～N5 级的系统按高压系统风管的规定执行；N6～N9 级，且工作压力小于或等于 1500Pa 的，均按中压系统风管的规定执行。

检验批次和取样要求：微压系统，按工艺质量要求实行全数观察检验；低压系统，按Ⅱ方案实行抽样检验；中压系统，按Ⅰ方案实行抽样检验；高压系统，全数检验。

检测类型：现场检测。

## 9.4 风机与空气处理设备安装

### 9.4.1 单元式与组合式空气处理设备

检测项目：漏风量。

检测依据：《通风与空调工程施工质量验收规范》GB 50243—2016 中 7.2.3 条：单元式与组合式空气处理设备的安装应符合下列规定：1 产品的性能、技术参数和接口方向应符合设计要求。2 现场组装的组合式空调机组应按现行国家标准《组合式空调机组》GB/T 14294 的有关规定进行漏风量的检测。通用机组 700Pa 静压下，漏风率不应大于 2%；净化空调系统机组在 1000Pa 静压下，漏风率不应大于 1%。3 应按设计要求设置减振支座或支、吊架，承重量应符合设计及产品技术文件的要求。

检验批次和取样要求：通用机组按Ⅱ方案，净化空调系统机组 N7～N9 级按Ⅰ方案，

N1～N6 级全数检查。

检测类型：现场检测。

## 9.4.2　风机盘管

检测项目：供冷量、供热量、风量、水阻力、功率及噪声。

检测依据：《通风与空调工程施工质量验收规范》GB 50243—2016 中 7.2.5-3 条：风机盘管的性能复验应按现行国家标准《建筑节能工程施工质量验收标准》GB 50411 的规定执行；《建筑节能工程施工质量验收标准》GB 50411—2019 中 10.2.2-1 条：通风与空调节能工程使用的风机盘管机组和绝热材料进场时，应对其下列性能进行复验，复验应为见证取样检验。1 风机盘管机组的供冷量、供热量、风量、水阻力、功率及噪声。

检验批次和取样要求：按结构形式抽检，同厂家的风机盘管机组数量在 500 台及以下时，抽检 2 台；每增加 1000 台时应增加抽检 1 台。同工程项目、同施工单位且同期施工的多个单位工程可合并计算。

检测类型：材料检测。

# 9.5　空调用冷（热）源与辅助设备安装

检测项目：超声波探伤。

检测依据：《通风与空调工程施工质量验收规范》GB 50243—2016 中 8.2.5 条：燃气管道的安装必须符合下列规定：1 燃气系统管道与机组的连接不得使用非金属软管；2 当燃气供气管道压力大于 5kPa 时，焊缝无损检测应按设计要求执行；当设计无规定时，应对全部焊缝进行无损检测并合格；3 燃气管道吹扫和压力试验的介质应采用空气或氮气，严禁采用水。

检验批次和取样要求：根据现场超声波探伤检测方案制定。

检测类型：现场检测。

# 9.6　空调调试

检测项目：风量、流量、温度。

检测依据：《通风与空调工程施工质量验收规范》GB 50243—2016 中 11.2.3 条：系统非设计满负荷条件下的联合试运转及调试应符合下列规定：

1 系统总风量调试结果与设计风量的允许偏差应为 −5%～10%，建筑内各区域的压差应符合设计要求。

2 变风量空调系统联合调试应符合下列规定：

1）系统空气处理机组应在设计参数范围内对风机实现变频调速；2）空气处理机组在设计机外余压条件下，系统总风量应满足本条第 1 款的要求，新风量的允许偏差应为 0～

10% ; 3）变风量末端装置的最大风量调试结果与设计风量的允许偏差应为 0～15% ；
4）改变各空调区域运行工况或室内温度设定参数时，该区域变风量末端装置的风阀（风机）动作（运行）应正确 ; 5）改变室内温度设定参数或关闭部分房间空调末端装置时，空气处理机组应自动正确地改变风量 ; 6）应正确显示系统的状态参数。

3 空调冷（热）水系统、冷却水系统的总流量与设计流量的偏差不应大于 10%。

4 制冷（热泵）机组进出口处的水温应符合设计要求。

5 地源（水源）热泵换热器的水温与流量应符合设计要求。

6 舒适空调与恒温、恒湿空调室内的空气温度、相对湿度及波动范围应符合或优于设计要求。

检验批次和取样要求：第 1、2 款及第 4 款的舒适性空调，按 I 方案；第 3、5、6 款及第 4 款的恒温、恒湿空调系统，全数检查。

检测类型：现场检测。

# 10 建筑电气工程

## 10.1 编制依据

本章以《建筑电气工程施工质量验收规范》GB 50303—2015 为主要编制依据，其他引用的编制依据如下：

1.《建筑节能工程施工质量验收标准》GB 50411—2019

2.《建筑节能工程施工质量验收规程》DGJ 08—113—2017

3.《家用和类似用途插头插座 第 1 部分：通用要求》GB 2099.1—2008

4.《电缆的导体》GB/T 3956—2008

5.《电工用铜、铝及其合金母线 第 1 部分：铜和铜合金母线》GB/T 5585.1—2018

6.《家用和类似用途固定式电气装置的开关 第 1 部分：通用要求》GB 16915.1—2014

7.《电缆管理用导管系统 第 1 部分：通用要求》GB/T 20041.1—2015

8.其他相关现行有效标准等

## 10.2 主要设备、材料、成品、半成品

### 10.2.1 电气设备的外露可导电部分

检测项目：导体材质、截面面积。

检测依据：《建筑电气工程施工质量验收规范》GB 50303—2015 中 3.1.7 条：电气设备的外露可导电部分应单独与保护导体相连接，不得串联连接，连接导体的材质、截面积应符合设计要求。

检验批次：同厂家、同批次、同型号、同规格，每批至少抽样一次。

取样要求：3m/组。

检测类型：材料检测。

### 10.2.2 母线槽

检测项目：电阻率、尺寸、灼热丝试验。

检测依据：《建筑电气工程施工质量验收规范》GB 50303—2015 中 3.2.5 条：当主要设备、材料、成品和半成品的进场验收需进行现场抽样检测或因有异议送有资质试验室抽样检测时，应符合下列规定：

1 现场抽样检测：对于母线槽、导管、绝缘导线、电缆等，同厂家、同批次、同型号、同规格的，每批至少应抽取 1 个样本；对于灯具、插座、开关等电器设备，同厂家、同材质、同类型的，应各抽检3%，自带蓄电池的灯具应按5%抽检，且均不应少于1个（套）。

2 因有异议送有资质的试验室而抽样检测：对于母线槽、绝缘导线、电缆、梯架、托盘、槽盒、导管、型钢、镀锌制品等，同厂家、同批次、不同种规格的，应抽检10%，且不应少于 2 个规格；对于灯具、插座、开关等电器设备，同厂家、同材质、同类型的，数量 500 个（套）及以下时应抽检 2 个（套），但应各不少于 1 个（套），500（套）以上时应抽检 3 个（套）。

3 对于由同一施工单位施工的同一建设项目的多个单位工程，当使用同一生产厂家、同材质、同批次、同类型的主要设备、材料、成品和半成品时，其抽检比例宜合并计算。

4 当抽样检测结果出现不合格，可加倍抽样检测，仍不合格时，则该批设备、材料、成品或半成品应判定为不合格品，不得使用。

5 应有检测报告。

检验批次：同厂家、同批次、同型号、同规格，每批至少抽样一次。

取样要求：3m/组。

检测类型：材料检测。

## 10.2.3 导管

检测项目：绝缘电阻、电气强度、屏蔽接地。

检测依据：同 10.2.2 节。

检验批次：同厂家、同批次、同型号、同规格，每批至少抽样一次。

取样要求：1.2m，6 根/组。

检测类型：材料检测。

## 10.2.4 电线电缆

检测项目：导体电阻、绝缘厚度、护套厚度、绝缘电阻、电压试验、老化前后机械性能、单根燃烧试验。

检测依据：同 10.2.2 节。

检验批次：同厂家、同批次、同型号、同规格，每批至少抽样一次。

取样要求：20m/组。

检测类型：材料检测。

## 10.2.5 灯具

检测项目：接地规定、防触电保护、潮湿试验、绝缘电阻和电气强度、接触电流、爬电距离和电气间隙、耐热、耐火和耐燃。

检测依据：同 10.2.2 节。

检验批次:同厂家、同材质、同类型,应各抽检3%,自带蓄电池的灯具应按5%抽检,且均不应少于一个。

取样要求:包装完整灯具一件。

检测类型:材料检测。

## 10.2.6 插座

检测项目:防触电保护、接地措施、耐老化、防潮、绝缘电阻和电气强度、耐热、爬电距离、电气间隙和通过密封胶的距离、绝缘材料的耐非正常热、耐燃和耐电痕化。

检测依据:同10.2.2节。

检验批次:同厂家、同材质、同类型,应各抽检3%,且不应少于一个。

取样要求:9个/组。

检测类型:材料检测。

## 10.2.7 开关

检测项目:防触电保护、接地措施、耐老化、防潮、绝缘电阻和电气强度、耐热、爬电距离、电气间隙和通过密封胶的距离、绝缘材料的耐非正常热、耐燃和耐电痕化。

检测依据:同10.2.2节。

检验批次:同厂家、同材质、同类型,应各抽检3%,且不应少于一个。

取样要求:9个/组。

检测类型:材料检测。

# 10.3 灯具安装

## 10.3.1 普通灯具安装

检测项目:电源线截面积。

检测依据:《建筑电气工程施工质量验收规范》GB 50303—2015中18.1.5条:普通灯具的Ⅰ类灯具外露可导电部分必须采用铜芯软导线与保护导体可靠连接,连接处应设置接地标识,铜芯软导线的截面积应与进入灯具的电源线截面积相同。

检验批次:按每检验批的灯具数量抽查5%,且不得少于1套。

取样要求:1m/组。

检测类型:材料检测。

## 10.3.2 专用灯具安装

检测项目:电源线截面积。

检测依据:《建筑电气工程施工质量验收规范》GB 50303—2015中19.1.1条:专用灯

具的 I 类灯具外露可导电部分必须采用铜芯软导线与保护导体可靠连接，连接处应设置接地标识，铜芯软导线的截面积应与进入灯具的电源线截面积相同。

检验批次：按每检验批的灯具数量抽查 5%，且不得少于 1 套。

取样要求：1m/组。

检测类型：材料检测。

## 10.4 配电与照明节能工程

检测项目：导体电阻、截面积。

检测依据：《建筑节能工程施工质量验收标准》GB 50411—2019 中 12.2.3 条：低压配电系统使用的电线、电缆进场时，应对其导体电阻值进行复验，复验应为见证取样送检；《建筑节能工程施工质量验收规程》DGJ 08—113—2017 中 11.2.4 条：低压配电系统使用的电线、电缆进场时，应对其导体电阻值进行复验，复验应为见证取样送检。

检验批次：同厂家各种规格总数的 10%，且不少于 2 个规格。

取样要求：1.5m，3 根/组。

检测类型：材料检测。

# 11　消　防　工　程

## 11.1　编制依据

本章以《建筑内部装修防火施工及验收规范》GB 50354—2005 为主要编制依据,其他引用的编制依据如下:

1.《自动喷水灭火系统施工及验收规范》GB 50261—2017
2.《消防给水及消火栓系统技术规范》GB 50974—2014
3.《建筑钢结构防火技术规范》GB 51249—2017
4.《建筑防烟排烟系统技术标准》GB 51251—2017
5.《建筑材料及制品燃烧性能分级》GB 8624—2012
6.《上海建筑内部装修材料见证取样检验告知单》
7. 其他相关现行有效标准

## 11.2　主要材料

### 11.2.1　纺织织物

检测项目:燃烧性能。

检测依据:《建筑内部装修防火施工及验收规范》GB 50354—2005 中 3.0.3 条:下列材料进场应进行见证取样检验:1 $B_1$、$B_2$ 级纺织织物;2 现场对纺织织物进行阻燃处理所使用的阻燃剂。

检验批次:抽样数量按进场批次和产品的抽样检验方案确定。

取样要求:现场阻燃处理后的纺织织物,每种取 $2m^2$ 检验燃烧性能;施工过程中受湿浸、燃烧性能可能受影响的纺织织物,每种取 $2m^2$ 检验燃烧性能。

检测类型:材料检测。

### 11.2.2　木质材料

检测项目:燃烧性能。

检测依据:《建筑内部装修防火施工及验收规范》GB 50354—2005 中 4.0.3 条:下列材料进场应进行见证取样检验:1 $B_1$ 级木质材料;2 现场进行阻燃处理所使用的阻燃剂及防火涂料。

检验批次：抽样数量按进场批次和产品的抽样检验方案确定。

取样要求：现场阻燃处理后的木质材料，每种取 $4m^2$ 检验燃烧性能；表面进行加工后的 $B_1$ 级木质材料，每种取 $4m^2$ 检验燃烧性能。

检测类型：材料检测。

## 11.2.3 高分子合成材料

检测项目：燃烧性能。

检测依据：《建筑内部装修防火施工及验收规范》GB 50354—2005 中 5.0.3 条：下列材料进场应进行见证取样检验：1 $B_1$、$B_2$ 级高分子合成材料；2 现场进行阻燃处理所使用的阻燃剂及防火涂料。

检验批次：抽样数量按进场批次和产品的抽样检验方案确定。

取样要求：现场阻燃处理后的泡沫塑料应进行抽样检验，每种取 $0.1m^3$ 检验燃烧性能。

检测类型：材料检测。

## 11.2.4 复合材料

检测项目：燃烧性能。

检测依据：《建筑内部装修防火施工及验收规范》GB 50354—2005 中 6.0.3 条：下列材料进场应进行见证取样检验：1 $B_1$、$B_2$ 级复合材料；2 现场进行阻燃处理所使用的阻燃剂及防火涂料。

检验批次：抽样数量按进场批次和产品的抽样检验方案确定。

取样要求：现场阻燃处理后的复合材料应进行抽样检验，每种取 $4m^2$ 检验燃烧性能。

检测类型：材料检测。

## 11.2.5 其他材料

检测项目：燃烧性能。

检测依据：《建筑内部装修防火施工及验收规范》GB 50354—2005 中 7.0.3 条：下列材料进场应进行见证取样检验：1 $B_1$、$B_2$ 级材料；2 现场进行阻燃处理所使用的阻燃剂及防火涂料。

检验批次：抽样数量按进场批次和产品的抽样检验方案确定。

取样要求：现场阻燃处理后的复合材料应进行抽样检验，送样数量根据相关产品标准确定。

检测类型：材料检测。

## 11.3 建筑内部装修材料

检测项目：燃烧性能。

检测依据：《上海建筑内部装修材料见证取样检验告知单》中要求需要进行装修材料见证取样检验的工程范围：1.地上建筑面积大于 3000m² 的建筑工程；2.地下建筑面积大于 1000m² 的建筑工程；3.建筑面积大于 300m² 的公共娱乐场所内装修工程和建筑面积大于 1000m² 的其他内装修工程；4.公安机关消防机构在监督检查中认为需要见证取样检验的材料。

应当进行见证取样检验的材料：属于上述工程范围的项目防火设计中所采用的下列装修材料，应进行见证取样检验：1.顶棚使用的不燃性、难燃性材料及经现场阻燃处理的可燃材料；2.隔断使用的经现场阻燃处理的可燃材料；3.墙面使用的吸音、软包等难燃性材料及经现场阻燃处理的可燃材料；4.铺地使用的难燃性材料；5.窗帘、幕布类难燃性装饰织物；6.电线、电缆使用的难燃性塑料套管；7.隔热、保温使用的难燃性平板材料、管状材料。

检验批次：抽样数量按进场批次和产品的抽样检验方案确定。

取样要求：上海市建筑内部装修材料见证取样检验分类表，详见《上海建筑内部装修材料见证取样检验告知单》附件一。

检测类型：材料检测。

## 11.4 钢结构防火工程

检测项目：等效热传导系数、等效热阻。

检测依据：《建筑钢结构防火技术规范》GB 51249—2017 中 9.2.2 条：预应力钢结构、跨度大于或等于 60m 的大跨度钢结构、高度大于或等于 100m 的高层建筑钢结构所采用的防火涂料、防火板、毡状防火材料等防火保护材料，在材料进场后，应对其隔热性能进行见证检验。非膨胀型防火涂料和防火板、毡状防火材料等实测的等效热传导系数不应大于等效热传导系数的设计取值，其允许偏差为 +10%；膨胀型防火涂料实测的等效热阻不应小于等效热阻的设计取值，其允许偏差为 -10%。

检验批次：抽样数量按进场批次和产品的抽样检验方案确定。

取样要求：1.膨胀型防火涂料，应在委托时提供：产品的最小涂层厚度和最大涂层厚度；2.样品数量：膨胀型 120kg、非膨胀型 50kg：特别注意，所有样品需配备所需稀释剂、胶水、防锈底漆等施工工艺中提及的所有产品；3.样品的剩余质保期不少于 2 个月；4.提供样品详细施工工艺和配比。

检测类型：材料检测。

## 11.5 消防给水及消火栓系统工程

### 11.5.1 水源

标准、规范要求:《消防给水及消火栓系统技术规范》GB 50974—2014 中 13.2.4 条:应检查室外给水管网的进水管管径及供水能力,并应检查高位消防水箱、高位消防水池和消防水池等的有效容积和水位测量装置等应符合设计要求。

检验数量:全数检查。

检测类型:现场检测。

### 11.5.2 消防水泵房

标准、规范要求:《消防给水及消火栓系统技术规范》GB 50974—2014 中 13.2.5 条:消防水泵房的验收应符合下列要求:1 消防水泵房的建筑防火要求应符合设计要求和现行国家标准《建筑设计防火规范》GB 50016 的有关规定;2 消防水泵房设置的应急照明、安全出口应符合设计要求;3 消防水泵房的采暖通风、排水和防洪等应符合设计要求;4 消防水泵房的设备进出和维修安装空间应满足设备要求;5 消防水泵控制柜的安装位置和防护等级应符合设计要求。

检验数量:全数检查。

检测类型:现场检测。

### 11.5.3 消防水泵

标准、规范要求:《消防给水及消火栓系统技术规范》GB 50974—2014 中 13.2.6 条:消防水泵验收应符合下列要求:1 消防水泵运转应平稳,应无不良噪声的振动;2 工作泵、备用泵、吸水管、出水管及出水管上的泄压阀、水锤消除设施、止回阀、信号阀等的规格、型号、数量,应符合设计要求;吸水管、出水管上的控制阀应锁定在常开位置,并应有明显标记;3 消防水泵应采用自灌式引水方式,并应保证全部有效储水被有效利用;4 分别开启系统中的每一个末端试水装置、试水阀和试验消火栓,水流指示器、压力开关、压力开关(管网)、高位消防水箱流量开关等信号的功能,均应符合设计要求;5 打开消防水泵出水管上试水阀,当采用主电源启动消防水泵时,消防水泵应启动正常;关掉主电源,主、备电源应能正常切换;备用泵启动和相互切换正常;消防水泵就地和远程启停功能应正常;6 消防水泵停泵时,水锤消除设施后的压力不应超过水泵出口设计工作压力的 1.4 倍;7 消防水泵启动控制应置于自动启动挡;8 采用固定和移动式流量计和压力表测试消防水泵的性能,水泵性能应满足设计要求。

检验数量:全数检查。

检测类型:现场检测。

### 11.5.4　稳压泵

标准、规范要求：《消防给水及消火栓系统技术规范》GB 50974—2014 中 13.2.7 条：稳压泵验收应符合下列要求：1 稳压泵的型号性能等应符合设计要求；2 稳压泵的控制应符合设计要求，并应有防止稳压泵频繁启动的技术措施；3 稳压泵在 1h 内的启停次数应符合设计要求，并不宜大于 15 次/h；4 稳压泵供电应正常，自动手动启停应正常；关掉主电源，主、备电源应能正常切换；5 气压水罐的有效容积以及调节容积应符合设计要求，并应满足稳压泵的启停要求。

检验数量：全数检查。

检测类型：现场检测。

### 11.5.5　消防水池、高位消防水池和高位消防水箱

标准、规范要求：《消防给水及消火栓系统技术规范》GB 50974—2014 中 13.2.9 条：消防水池、高位消防水池和高位消防水箱验收应符合下列要求：1 设置位置应符合设计要求；2 消防水池、高位消防水池和高位消防水箱的有效容积、水位、报警水位等，应符合设计要求；3 进出水管、溢流管、排水管等应符合设计要求，且溢流管应采用间接排水；4 管道、阀门和进水浮球阀等应便于检修，人孔和爬梯位置应合理；5 消防水池吸水井、吸（出）水管喇叭口等设置位置应符合设计要求。

检验数量：全数检查。

检测类型：现场检测。

### 11.5.6　管网

标准、规范要求：《消防给水及消火栓系统技术规范》GB 50974—2014 中 13.2.12 条：管网验收应符合下列要求：1 管道的材质、管径、接头、连接方式及采取的防腐、防冻措施，应符合设计要求，管道标识应符合设计要求；2 管网排水坡度及辅助排水设施，应符合设计要求；3 系统中的试验消火栓、自动排气阀应符合设计要求；4 管网不同部位安装的报警阀组、闸阀、止回阀、电磁阀、信号阀、水流指示器、减压孔板、节流管、减压阀、柔性接头、排水管、排气阀、泄压阀等，均应符合设计要求；5 干式消火栓系统允许的最大充水时间不应大于 5min；6 干式消火栓系统报警阀后的管道仅应设置消火栓和有信号显示的阀门；7 架空管道的立管、配水支管、配水管、配水干管设置的支架，应符合本规范第 12.3.19 条～第 12.3.23 条的规定；8 室外埋地管道应符合本规范第 12.3.17 条和第 12.3.22 条等的规定。

检验数量：本条第 7 款抽查 20%，且不应少于 5 处；本条第 1 款～第 6 款、第 8 款全数抽查。

检测类型：现场检测。

### 11.5.7 消火栓

标准、规范要求：《消防给水及消火栓系统技术规范》GB 50974—2014 中 13.2.13 条：消火栓验收应符合下列要求：1 消火栓的设置场所、位置、规格、型号应符合设计要求和本规范第 7.2 节～第 7.4 节的有关规定；2 室内消火栓的安装高度应符合设计要求；3 消火栓的设置位置应符合设计要求和本规范第 7 章的有关规定，并应符合消防救援和火灾扑救工艺的要求；4 消火栓的减压装置和活动部件应灵活可靠，栓后压力应符合设计要求。

检验数量：抽查消火栓数量 10%，且总数每个供水分区不应少于 10 个，合格率应为 100%。

检测类型：现场检测。

### 11.5.8 控制柜

标准、规范要求：《消防给水及消火栓系统技术规范》GB 50974—2014 中 13.2.16 条：控制柜的验收应符合下列要求：1 控制柜的规格、型号、数量应符合设计要求；2 控制柜的图纸塑封后应牢固粘贴于柜门内侧；3 控制柜的动作应符合设计要求和本规范第 11 章的有关规定；4 控制柜的质量应符合产品标准和本规范第 12.2.7 条的要求；5 主、备用电源自动切换装置的设置应符合设计要求。

检验数量：全数检查。

检测类型：现场检测。

## 11.6 自动喷水灭火系统工程

### 11.6.1 报警阀组

标准、规范要求：《自动喷水灭火系统施工及验收规范》GB 50261—2017 中 8.0.7 条：报警阀组的验收应符合下列要求：1 报警阀组的各组件应符合产品标准要求。2 打开系统流量压力检测装置放水阀，测试的流量、压力应符合设计要求。3 水力警铃的设置位置应正确。测试时，水力警铃喷嘴处压力不应小于 0.05MPa，且距水力警铃 3m 远处警铃声声强不应小于 70dB。4 打开手动试水阀或电磁阀时，雨淋阀组动作应可靠。5 控制阀均应锁定在常开位置。6 空气压缩机或火灾自动报警系统的联动控制，应符合设计要求。7 打开末端试（放）水装置，当流量达到报警阀动作流量时，湿式报警阀和压力开关应及时动作，带延迟器的报警阀应在 90s 内压力开关动作，不带延迟器的报警阀应在 15s 内压力开关动作。雨淋报警阀动作后 15s 内压力开关动作。

检验数量：全数检查。

检测类型：现场检测。

### 11.6.2 喷头

标准、规范要求：《自动喷水灭火系统施工及验收规范》GB 50261—2017 中 8.0.9 条：喷头验收应符合下列要求：1 喷头设置场所、规格、型号、公称动作温度、响应时间指数（RTI）应符合设计要求。2 喷头安装间距，喷头与楼板、墙、梁等障碍物的距离应符合设计要求。3 有腐蚀性气体的环境和有冰冻危险场所安装的喷头，应采取防护措施。4 有碰撞危险场所安装的喷头应加设防护罩。5 各种不同规格的喷头均应有一定数量的备用品，其数量不应小于安装总数的 1%，且每种备用喷头不应少于 10 个。

检验数量：全数检查。

检测类型：现场检测。

## 11.7 建筑防烟排烟系统工程

### 11.7.1 综合观感等质量

标准、规范要求：《建筑防烟排烟系统技术标准》GB 51251—2017 中 8.2.1 条：防烟、排烟系统观感质量的综合验收方法及要求应符合下列规定：1 风管表面应平整、无损坏；接管合理，风管的连接以及风管与风机的连接应无明显缺陷。2 风口表面应平整、颜色一致，安装位置正确，风口可调节部件应能正常动作。3 各类调节装置安装应正确牢固、调节灵活，操作方便。4 风管、部件及管道的支、吊架形式、位置及间距应符合要求。5 风机的安装应正确牢固。

检验数量：各系统按 30% 检查。

检测类型：现场检测。

### 11.7.2 设备手动功能

标准、规范要求：《建筑防烟排烟系统技术标准》GB 51251—2017 中 8.2.2 条：防烟、排烟系统设备手动功能的验收方法及要求应符合下列规定：1 送风机、排烟风机应能正常手动启动和停止，状态信号应在消防控制室显示；2 送风口、排烟阀或排烟口应能正常手动开启和复位，阀门关闭严密，动作信号应在消防控制室显示；3 活动挡烟垂壁、自动排烟窗应能正常手动开启和复位，动作信号应在消防控制室显示。

检验数量：各系统按 30% 检查。

检测类型：现场检测。

### 11.7.3 设备联动功能

标准、规范要求：《建筑防烟排烟系统技术标准》GB 51251—2017 中 8.2.3 条：防烟、排烟系统设备应按设计联动启动，其功能验收方法及要求应符合下列规定：1 送风口的开启和送风机的启动应符合本标准第 5.1.2 条、第 5.1.3 条的规定；2 排烟阀或排烟口的开启和排烟风机的启动应符合本标准第 5.2.2 条、第 5.2.3 条和第 5.2.4 条的规定；3 活动挡烟垂壁开启到位的时间应符合本标准第 5.2.5 条的规定；4 自动排烟窗开启完毕的时间应符合本标准第 5.2.6 条的规定；5 补风机的启动应符合本标准第 5.2.2 条的规定；6 各部件、设备动作状态信号应在消防控制室显示。

检验数量：各系统按 30% 检查。

检测类型：现场检测。

## 11.7.4 自然通风、自然排烟设施性能

标准、规范要求：《建筑防烟排烟系统技术标准》GB 51251—2017 中 8.2.4 条：自然通风及自然排烟设施验收，下列项目应达到设计和标准要求：1 封闭楼梯间、防烟楼梯间、前室及消防电梯前室可开启外窗的布置方式和面积；2 避难层（间）可开启外窗或百叶窗的布置方式和面积；3 设置自然排烟场所的可开启外窗、排烟窗、可熔性采光带（窗）的布置方式和面积。

检验数量：各系统按 30% 检查。

检测类型：现场检测。

## 11.7.5 机械防烟系统性能

标准、规范要求：《建筑防烟排烟系统技术标准》GB 51251—2017 中 8.2.5 条：机械防烟系统的验收方法及要求应符合下列规定：1 选取送风系统末端所对应的送风最不利的三个连续楼层模拟起火层及其上下层，封闭避难层（间）仅需选取本层，测试前室及封闭避难层（间）的风压值及疏散门的门洞断面风速值，应分别符合本标准第 3.4.4 条和第 3.4.6 条的规定，且偏差不大于设计值的 10%；2 对楼梯间和前室的测试应单独分别进行，且互不影响；3 测试楼梯间和前室疏散门的门洞断面风速时，应同时开启三个楼层的疏散门。

检验数量：全数检查。

检测类型：现场检测。

## 11.7.6 机械排烟系统性能

标准、规范要求：《建筑防烟排烟系统技术标准》GB 51251—2017 中 8.2.6 条：机械排烟系统的性能验收方法及要求应符合下列规定：1 开启任一防烟分区的全部排烟口，风机启动后测试排烟口处的风速，风速、风量应符合设计要求且偏差不大于设计值的 10%；2 设有补风系统的场所，应测试补风口风速，风速、风量应符合设计要求且偏差不大于设计值的 10%。

检验数量：全数检查。

检测类型：现场检测。

# 12　建筑节能工程

## 12.1　编制依据

本章以《建筑节能与可再生能源利用通用规范》GB 55015—2021、《建筑节能工程施工质量验收标准》GB 50411—2019 和《建筑节能工程施工质量验收规程》DGJ 08—113—2017 为主要编制依据，其他引用的编制依据如下：

1.《铝合金建筑型材　第 6 部分：隔热型材》GB/T 5237.6—2017

2.《中空玻璃》GB/T 11944—2012

3.《蒸压加气混凝土砌块》GB/T 11968—2020

4.《绝热用玻璃棉及其制品》GB/T 13350—2017

5.《柔性泡沫橡塑绝热制品》GB/T 17794—2021

6.《建筑绝热用玻璃棉制品》GB/T 17795—2019

7.《建筑用岩棉绝热制品》GB/T 19686—2015

8.《模塑聚苯板薄抹灰外墙外保温系统材料》GB/T 29906—2013

9.《陶瓷砖胶粘剂》JC/T 547—2017

10.《泡沫玻璃绝热制品》JC/T 647—2014

11.《陶瓷砖填缝剂》JC/T 1004—2017

12.《建筑门窗玻璃幕墙热工计算规程》JGJ/T 151—2008

13.《建筑反射隔热涂料》JG/T 235—2014

14.《外墙保温用锚栓》JG/T 366—2012

15.《建筑用真空绝热板应用技术规程》JGJ/T 416—2017

16.《建筑用真空绝热板》JG/T 438—2014

17.《泡沫玻璃外墙外保温系统材料技术要求》JG/T 469—2015

18.《外墙内保温工程技术规程》JGJ/T 261—2011

19.《无机保温砂浆系统应用技术规程》DG/TJ 08—2088—2018

20.《保温装饰复合板墙体保温系统应用技术规程》DG/TJ 08—2122—2021

21.《岩棉板（带）薄抹灰外墙外保温系统应用技术规程》DG/TJ 08—2126—2013

22.《发泡水泥板保温系统应用技术规程》DG/TJ 08—2138—2014

23.其他相关现行有效标准

## 12.2 墙体节能工程

### 12.2.1 主要原材料

#### 12.2.1.1 保温隔热材料（国标）

检测项目：导热系数或热阻、密度、压缩强度或抗压强度、垂直于板面方向的抗拉强度、吸水率、燃烧性能（不燃材料除外）。

检测依据：《建筑节能与可再生能源利用通用规范》GB 55015—2021 中 6.1.1 条，建筑节能工程采用的材料、构件和设备，应在施工现场随机抽样复验，复验应为见证取样检验。《建筑节能与可再生能源利用通用规范》GB 55015—2021 中 6.2.1-1 条：墙体节能工程使用的材料、构件和设备施工进场复验应包括下列内容：保温隔热材料的导热系数或热阻、密度、压缩强度或抗压强度、垂直于板面方向的抗拉强度、吸水率、燃烧性能（不燃材料除外）。

检验批次：同厂家、同品种产品，按扣除门窗洞口后的保温墙面面积所使用的材料用量，在 $5000m^2$ 以内时应复验 1 次；面积每增加 $5000m^2$ 应增加 1 次。同工程项目、同施工单位且同期施工的多个单位工程，可合并计算抽检面积。当符合《建筑节能工程施工质量验收标准》GB 50411—2019 中 3.2.3 条的规定时，检验批容量可以扩大一倍。

取样要求：工程实际产品 $10m^2$/组（不燃材料 $2m^2$/组），共 1 组，提供型号规格、等级、标称密度（需要时）。

检测类型：材料检测。

#### 12.2.1.2 保温浆料（国标）

检测项目：导热系数、干密度和抗压强度。

检测依据：《建筑节能工程施工质量验收标准》GB 50411—2019 中 4.2.9 条：外墙采用保温浆料做保温层时，应在施工中制作同条件试件，检测其导热系数、干密度和抗压强度。

检验批次：同厂家、同品种产品，按照扣除门窗洞口后的保温墙面面积，在 $5000m^2$ 以内时应检验 1 次；面积每增加 $5000m^2$ 应增加 1 次。同工程项目、同施工单位且同期施工的多个单位工程，可合并计算抽检面积。

取样要求：300mm×300mm×30mm 板 2 块，70.7mm×70.7mm×70.7mm 立方体试块 6 块，共 1 组。

检测类型：材料检测。

#### 12.2.1.3 聚苯板（地标）

检测项目：表观密度、导热系数、垂直于板面抗拉强度、压缩强度、燃烧性能、氧指数。

检测依据：《建筑节能工程施工质量验收规程》DGJ 08—113—2017 中 4.2.6 条：墙体

节能工程使用的材料进场时，应按本验收规程中表4.2.6的规定进行复验，且复验应为见证取样送检。

检验批次：

1 同一厂家、同一品种产品，每6000m² 建筑面积（或保温面积5000m²）抽样不少于1次，不足6000m² 建筑面积（或保温面积5000m²）也应抽样1次。抽样应在外观质量合格的产品中抽取。

2 单位建筑面积在6000～12000m²（或保温面积5000～10000m²）工程，同一厂家、同一品种的产品，抽样不少于2次；12000～20000m²（或保温面积10000～15000m²）工程，抽样不得少于3次；20000m²（或保温面积15000m²）以上的工程，每增加10000m² 建筑面积（或保温面积8000m²），抽样不得少于1次。

3 对同一施工区域内单体建筑面积在500m² 以下墙体节能工程，且同一厂家、同一品种的产品。按每增加建筑面积6000m²（或保温面积5000m²）抽样不少于1次。

4 对墙体节能工程中凸窗或门窗等部位的配套保温系统（如门窗外侧洞口；凸窗非透明的顶板，侧板和底板等）均按同一厂家、同一品种产品抽样不得少于1次。

取样要求：工程实际产品10m²/组，共3组。

检测类型：材料检测。

### 12.2.1.4 泡沫玻璃板（地标）

检测项目：密度、导热系数、抗压强度。

检测依据：《建筑节能工程施工质量验收规程》DGJ 08—113—2017 中 4.2.6 条：墙体节能工程使用的材料进场时，应按本验收规程中表4.2.6的规定进行复验，且复验应为见证取样送检。

检验批次：同12.2.1.3节。

取样要求：工程实际产品10m²/组，共3组。

检测类型：材料检测。

### 12.2.1.5 岩棉板（带）（地标）

检测项目：密度、导热系数、压缩强度、垂直于板面的抗拉强度、吸水量。

检测依据：《建筑节能工程施工质量验收规程》DGJ 08—113—2017 中 4.2.6 条：墙体节能工程使用的材料进场时，应按本验收规程中表4.2.6的规定进行复验，且复验应为见证取样送检。

检验批次：同12.2.1.3节。

取样要求：工程实际产品5m²/组，共3组。

检测类型：材料检测。

### 12.2.1.6 发泡水泥板（地标）

检测项目：干密度、导热系数、抗压强度。

检测依据：《建筑节能工程施工质量验收规程》DGJ 08—113—2017 中 4.2.6 条：墙体节能工程使用的材料进场时，应按本验收规程中表4.2.6的规定进行复验，且复验应为见证取样送检。

检验批次：同 12.2.1.3 节。

取样要求：工程实际产品 5 块/组，共 3 组。

检测类型：材料检测。

### 12.2.1.7 无机保温砂浆（地标）

检测项目：干密度、导热系数、抗压强度。

检测依据：《建筑节能工程施工质量验收规程》DGJ 08—113—2017 中 4.2.6 条：墙体节能工程使用的材料进场时，应按本验收规程中表 4.2.6 的规定进行复验，且复验应为见证取样送检。

检验批次：同 12.2.1.3 节。

取样要求：工程实际产品 25kg（整袋）/组，共 3 组。

检测类型：材料检测。

### 12.2.1.8 真空绝热板（地标）

检测项目：导热系数、压缩强度、抗拉强度、燃烧性能。

检测依据：《建筑节能工程施工质量验收规程》DGJ 08—113—2017 中 4.2.6 条：墙体节能工程使用的材料进场时，应按本验收规程中表 4.2.6 的规定进行复验，且复验应为见证取样送检。

检验批次：同 12.2.1.3 节。

取样要求：工程实际产品 $10m^2$/组，共 3 组。真空绝热板送样尺寸需与工程实际产品尺寸保持一致。

检测类型：材料检测。

### 12.2.1.9 玻璃棉板（毡）（地标）

检测项目：密度、导热系数、抗压强度。

检测依据：《建筑节能工程施工质量验收规程》DGJ 08—113—2017 中 4.2.6 条：墙体节能工程使用的材料进场时，应按本验收规程中表 4.2.6 的规定进行复验，且复验应为见证取样送检。

检验批次：同 12.2.1.3 节。

取样要求：工程实际产品 $5m^2$/组，共 3 组。

检测类型：材料检测。

### 12.2.1.10 复合保温板等墙体节能定型产品（国标）

检测项目：传热系数或热阻、单位面积质量、拉伸粘结强度、燃烧性能（不燃材料除外）。

检测依据：《建筑节能与可再生能源利用通用规范》GB 55015—2021 中 6.1.1 条：建筑节能工程采用的材料、构件和设备，应在施工现场随机抽样复验，复验应为见证取样检验。《建筑节能与可再生能源利用通用规范》GB 55015—2021 中 6.2.1-2 条：墙体节能工程使用的材料、构件和设备施工进场复验应包括下列内容：复合保温板等墙体节能定型产品的传热系数或热阻、单位面积质量、拉伸粘结强度、燃烧性能（不燃材料除外）。

检验批次：同厂家、同品种产品，按扣除门窗洞口后的保温墙面面积所使用的材料用量，在 5000m² 以内时应复验 1 次；面积每增加 5000m² 应增加 1 次。同工程项目、同施工单位且同期施工的多个单位工程，可合并计算抽检面积。当符合《建筑节能工程施工质量验收标准》GB 50411—2019 中 3.2.3 条的规定时，检验批容量可以扩大一倍。

取样要求：工程实际产品 10m²/组（不燃材料 2m²/组），共 1 组。提供规格型号、等级。

检测类型：材料检测。

### 12.2.1.11 保温装饰复合板（地标）

检测项目：密度、导热系数、拉伸粘结原强度和浸水强度、燃烧性能。

检测依据：《建筑节能工程施工质量验收规程》DGJ 08—113—2017 中 4.2.6 条：墙体节能工程使用的材料进场时，应按本验收规程中表 4.2.6 的规定进行复验，且复验应为见证取样送检。

检验批次：同 12.2.1.3 节。

取样要求：工程实际产品 10m²/组（A1 级 2m²/组），共 3 组。密度、导热系数不应拆出复合板中保温芯材单独送样。

检测类型：材料检测。

### 12.2.1.12 复合板（地标）

检测项目：密度、导热系数、抗拉强度、压缩强度、燃烧性能。

检测依据：《建筑节能工程施工质量验收规程》DGJ 08—113—2017 中 4.2.6 条：墙体节能工程使用的材料进场时，应按本验收规程中表 4.2.6 的规定进行复验，且复验应为见证取样送检。

检验批次：同 12.2.1.3 节。

取样要求：工程实际产品 10m²/组（A1 级 2m²/组），共 3 组。密度、导热系数不应拆出复合板中保温芯材单独送样。

检测类型：材料检测。

### 12.2.1.13 保温砌块等墙体节能定型产品（国标）

检测项目：传热系数或热阻、抗压强度、吸水率。

检测依据：《建筑节能与可再生能源利用通用规范》GB 55015—2021 中 6.1.1 条：建筑节能工程采用的材料、构件和设备，应在施工现场随机抽样复验，复验应为见证取样检验。《建筑节能与可再生能源利用通用规范》GB 55015—2021 中 6.2.1-3 条：墙体节能工程使用的材料、构件和设备施工进场复验应包括下列内容：保温砌块等墙体节能定型产品的传热系数或热阻、抗压强度、吸水率。

检验批次：同厂家、同品种产品，按扣除门窗洞口后的保温墙面面积所使用的材料用量，在 5000m² 以内时应复验 1 次；面积每增加 5000m² 应增加 1 次。同工程项目、同施工单位且同期施工的多个单位工程，可合并计算抽检面积。当符合《建筑节能工程施工质量验收标准》GB 50411—2019 中 3.2.3 条的规定时，检验批容量可以扩大一倍。

取样要求：工程实际产品（6 块＋2.5m²）/组，共 1 组。提供规格和型号。

检测类型：材料检测。

### 12.2.1.14 蒸压加气混凝土砌块（地标）

检测项目：密度、抗压、导热系数。

检测依据：《建筑节能工程施工质量验收规程》DGJ 08—113—2017 中 4.2.6 条：墙体节能工程使用的材料进场时，应按本验收规程中表 4.2.6 的规定进行复验，且复验应为见证取样送检。

检验批次：同 12.2.1.3 节。

取样要求：工程实际产品 6 块/组。

检测类型：材料检测。

### 12.2.1.15 反射隔热材料（国标）

检测项目：太阳光反射比、半球发射率。

检测依据：《建筑节能与可再生能源利用通用规范》GB 55015—2021 中 6.1.1 条：建筑节能工程采用的材料、构件和设备，应在施工现场随机抽样复验，复验应为见证取样检验。《建筑节能与可再生能源利用通用规范》GB 55015—2021 中 6.2.1-4 条：墙体节能工程使用的材料、构件和设备施工进场复验应包括下列内容：反射隔热材料的太阳光反射比，半球发射率。

检验批次：同厂家、同品种产品，按扣除门窗洞口后的保温墙面面积所使用的材料用量，在 5000m² 以内时应复验 1 次；面积每增加 5000m² 应增加 1 次。同工程项目、同施工单位且同期施工的多个单位工程，可合并计算抽检面积。当符合《建筑节能工程施工质量验收标准》GB 50411—2019 中 3.2.3 条的规定时，检验批容量可以扩大一倍。

取样要求：工程实际产品 5kg/组，共 1 组。

检测类型：材料检测。

备注：《建筑节能工程施工质量验收规程》DGJ 08—113—2017 中 4.2.6 条中对反射隔热材料要求的检测参数与《建筑节能与可再生能源利用通用规范》GB 55015—2021 中 6.2.1-4 条不同，地标中要求检测的项目为污染后太阳光反射比、近红外反射比、半球发射率，检验批次同 12.2.1.3 条。

### 12.2.1.16 粘结材料（国标）

检测项目：拉伸粘结强度。

检测依据：《建筑节能与可再生能源利用通用规范》GB 55015—2021 中 6.1.1 条：建筑节能工程采用的材料、构件和设备，应在施工现场随机抽样复验，复验应为见证取样检验。《建筑节能与可再生能源利用通用规范》GB 55015—2021 中 6.2.1-5 条：墙体节能工程使用的材料、构件和设备施工进场复验应包括下列内容：墙体粘结材料的拉伸粘结强度。

检验批次：同厂家、同品种产品，按扣除门窗洞口后的保温墙面面积所使用的材料用量，在 5000m² 以内时应复验 1 次；面积每增加 5000m² 应增加 1 次。同工程项目、同施工单位且同期施工的多个单位工程，可合并计算抽检面积。当符合《建筑节能工程施工质量验收标准》GB 50411—2019 中 3.2.3 条的规定时，检验批容量可以扩大一倍。

取样要求：工程实际产品 5kg＋配套保温板 1 块/组，共 1 组。提供水灰比。

检测类型：材料检测。

### 12.2.1.17 粘结石膏（地标）

检测项目：拉伸粘结强度。

检测依据：《建筑节能工程施工质量验收规程》DGJ 08—113—2017 中 4.2.6 条：墙体节能工程使用的材料进场时，应按本验收规程中表 4.2.6 的规定进行复验，且复验应为见证取样送检。

检验批次：同 12.2.1.3 节。

取样要求：工程实际产品 25kg，配套用板 2 块/组，共 3 组。提供水灰比。

检测类型：材料检测。

### 12.2.1.18 界面剂（地标）

检测项目：拉伸粘结原强度和浸水强度。

检测依据：《建筑节能工程施工质量验收规程》DGJ 08—113—2017 中 4.2.6 条：墙体节能工程使用的材料进场时，应按本验收规程中表 4.2.6 的规定进行复验，且复验应为见证取样送检。

检验批次：同 12.2.1.3 节。

取样要求：工程实际产品 25kg，配套用板 2 块/组，共 3 组。提供水灰比。

检测类型：材料检测。

### 12.2.1.19 胶粘剂（地标）

检测项目：拉伸粘结原强度和浸水强度。

检测依据：《建筑节能工程施工质量验收规程》DGJ 08—113—2017 中 4.2.6 条：墙体节能工程使用的材料进场时，应按本验收规程中表 4.2.6 的规定进行复验，且复验应为见证取样送检。

检验批次：同 12.2.1.3 节。

取样要求：工程实际产品 25kg，配套用板 2 块/组，共 3 组。提供水灰比。

检测类型：材料检测。

### 12.2.1.20 抹面材料（国标）

检测项目：拉伸粘结强度、压折比。

检测依据：《建筑节能与可再生能源利用通用规范》GB 55015—2021 中 6.1.1 条：建筑节能工程采用的材料、构件和设备，应在施工现场随机抽样复验，复验应为见证取样检验。按《建筑节能与可再生能源利用通用规范》GB 55015—2021 中 6.2.1-6 条：墙体节能工程使用的材料、构件和设备施工进场复验应包括下列内容：墙体抹面材料的拉伸粘结强度及压折比。

检验批次：同厂家、同品种产品，按扣除门窗洞口后的保温墙面面积所使用的材料用量，在 5000m² 以内时应复验 1 次；面积每增加 5000m² 应增加 1 次。同工程项目、同施工单位且同期施工的多个单位工程，可合并计算抽检面积。当符合《建筑节能工程施工质量验收标准》GB 50411—2019 中 3.2.3 条的规定时，检验批容量可以扩大一倍。

取样要求：工程实际产品 5kg＋配套保温材料／组，共 1 组。提供水灰比。

检测类型：材料检测。

### 12.2.1.21 粉刷石膏（地标）

检测项目：抗压强度、拉伸粘结强度、保水率。

检测依据：《建筑节能工程施工质量验收规程》DGJ 08—113—2017 中 4.2.6 条：墙体节能工程使用的材料进场时，应按本验收规程中表 4.2.6 的规定进行复验，且复验应为见证取样送检。

检验批次：同 12.2.1.3 节。

取样要求：工程实际产品 25kg，配套用板 2 块／组，共 3 组。提供水灰比。

检测类型：材料检测。

### 12.2.1.22 抹面胶浆（地标）

检测项目：拉伸粘结原强度和浸水强度。

检测依据：《建筑节能工程施工质量验收规程》DGJ 08—113—2017 中 4.2.6 条：墙体节能工程使用的材料进场时，应按本验收规程中表 4.2.6 的规定进行复验，且复验应为见证取样送检。

检验批次：同 12.2.1.3 节。

取样要求：工程实际产品 25kg，配套用板 2 块／组，共 3 组。提供水灰比。

检测类型：材料检测。

### 12.2.1.23 增强网（国标）

检测项目：力学性能、抗腐蚀性能。

检测依据：《建筑节能与可再生能源利用通用规范》GB 55015—2021 中 6.1.1 条：建筑节能工程采用的材料、构件和设备，应在施工现场随机抽样复验，复验应为见证取样检验。《建筑节能与可再生能源利用通用规范》GB 55015—2021 中 6.2.1-7 条：墙体节能工程使用的材料、构件和设备施工进场复验应包括下列内容：增强网的力学性能、抗腐蚀性能。

检验批次：同厂家、同品种产品，按扣除门窗洞口后的保温墙面面积所使用的材料用量，在 5000m² 以内时应复验 1 次；面积每增加 5000m² 应增加 1 次。同工程项目、同施工单位且同期施工的多个单位工程，可合并计算抽检面积。当符合《建筑节能工程施工质量验收标准》GB 50411—2019 中 3.2.3 条的规定时，检验批容量可以扩大一倍。

取样要求：工程实际产品 5m²／组，共 1 组，提供型号规格。

检测类型：材料检测。

#### 12.2.1.24 玻纤网格布（地标）

检测项目：耐碱拉伸断裂强力、耐碱拉伸断裂强力保留率。

检测依据：《建筑节能工程施工质量验收规程》DGJ 08—113—2017 中 4.2.6 条：墙体节能工程使用的材料进场时，应按本验收规程中表 4.2.6 的规定进行复验，且复验应为见证取样送检。

检验批次：同 12.2.1.3 节。

取样要求：工程实际产品 5m² / 组，共 3 组。

检测类型：材料检测。

#### 12.2.1.25 锚固件（地标）

检测项目：拉拔力。

检测依据：《建筑节能工程施工质量验收规程》DGJ 08—113—2017 中 4.2.6 条：墙体节能工程使用的材料进场时，应按本验收规程中表 4.2.6 的规定进行复验，且复验应为见证取样送检。

检验批次：同 12.2.1.3 节。

取样要求：工程实际产品 10 套 / 组，共 3 组。

检测类型：材料检测。

#### 12.2.1.26 面砖柔性粘结剂（地标）

检测项目：抗拉强度、横向变形。

检测依据：《建筑节能工程施工质量验收规程》DGJ 08—113—2017 中 4.2.6 条：墙体节能工程使用的材料进场时，应按本验收规程中表 4.2.6 的规定进行复验，且复验应为见证取样送检。

检验批次：同 12.2.1.3 节。

取样要求：工程实际产品 5kg / 组，共 3 组。

检测类型：材料检测。

#### 12.2.1.27 面砖柔性勾缝剂（地标）

检测项目：抗剪强度、横向变形。

检测依据：《建筑节能工程施工质量验收规程》DGJ 08—113—2017 中 4.2.6 条：墙体节能工程使用的材料进场时，应按本验收规范中表 4.2.6 的规定进行复验，且复验应为见证取样送检。

检验批次：同 12.2.1.3 节。

取样要求：工程实际产品 5kg / 组，共 3 组。

检测类型：材料检测。

### 12.2.2 施工质量现场检测

#### 12.2.2.1 外墙保温系统1（国标）

检测项目：保温板材与基层的连接方式、拉伸粘结强度和粘贴面积比。

检测依据:《建筑节能与可再生能源利用通用规范》GB 55015—2021 中 6.2.4-2 条:保温板材与基层之间及各构造层之间的粘结或连接必须牢固;保温板材与基层的连接方式、拉伸粘结强度和粘结面积比应符合设计要求;保温板与基层间的拉伸粘结强度应进行现场拉拔试验,且不得在界面破坏;粘结面积比应进行玻璃检验。

检验批次:采用相同材料、工艺和施工做法的墙面,扣除门窗洞口后的保温墙面面积每 1000m² 划分为一个检验批;检验批的划分也可根据与施工流程相一致且方便施工与验收的原则,由施工单位与监理单位双方协商确定。

取样要求:每个检验批应抽查 3 处。

检测类型:现场检测。

### 12.2.2.2　外墙保温系统2(国标)

检测项目:锚固力。

检测依据:《建筑节能与可再生能源利用通用规范》GB 55015—2021 中 6.2.4-5 条:保温装饰板的装饰面板应使用锚固件可靠,锚固力应做现场拉拔试验。

检验批次:采用相同材料、工艺和施工做法的墙面,扣除门窗洞口后的保温墙面面积每 1000m² 划分为一个检验批;检验批的划分也可根据与施工流程相一致且方便施工与验收的原则,由施工单位与监理单位双方协商确定。

取样要求:每个检验批应抽查 3 处。

检测类型:现场检测。

### 12.2.2.3　外墙保温系统3(国标)

检测项目:节能构造现场实体检验、传热系数或热阻。

检测依据:《建筑节能与可再生能源利用通用规范》GB 55015—2021 中 6.2.14-1 条:应对建筑外墙节能构造包括墙体保温材料的种类、保温层厚度和保温构造做法进行现场实体检验。《建筑节能工程施工质量验收标准》GB 50411—2019 中 17.1.2 条:建筑外墙节能构造现场实体检验应包括墙体保温材料的种类、保温层厚度和保温构造做法。检验方法宜按 GB 50411—2019 附录 F 检验,当条件具备时,也可直接进行外墙传热系数或热阻检验。当附录 F 不适用时,应进行外墙传热系数或热阻检验。

检验批次:外墙节能构造实体检验应按单位工程进行,每种节能构造的外墙检验不得少于 3 处,每处检测一个点;传热系数检验数量应符合国家现行有关标准的要求。同工程项目、同施工单位且同期施工的多个单位工程可合并计算建筑面积;每 30000m² 可视为一个单位工程进行抽样,不足 30000m² 也视为一个单位工程。

取样要求:一个单位工程应抽查 3 处。

检测类型:现场检测。

### 12.2.2.4　保温隔热材料的厚度

检测项目:保温隔热材料厚度。

检测依据:《建筑节能与可再生能源利用通用规范》GB 55015—2021 中 6.2.4-1 条:保温隔热材料的厚度不得低于设计要求。

检验批次：外墙节能构造实体检验应按单位工程进行，每种节能构造的外墙检验不得少于3处，每处检测一个点；传热系数检验数量应符合国家现行有关标准的要求。同工程项目、同施工单位且同期施工的多个单位工程可合并计算建筑面积；每30000m²可视为一个单位工程进行抽样，不足30000m²也视为一个单位工程。

取样要求：每个检验批应抽查3处。

检测类型：现场检测。

### 12.2.2.5 外墙节能构造（地标）

检测项目：墙体保温层构造做法、保温层厚度和保温材料种类。

检测依据：《建筑节能工程施工质量验收规程》DGJ 08—113—2017中4.2.4-1条：墙体节能工程的施工应符合下列规定：1 保温层厚度应符合节能设计要求和相关系统应用技术规程规定。各系统保温层厚度允许偏差应符合附录G的规定。

检验批次：抽样数量可在合同中规定，但合同中约定的抽样数量不应低于DGJ 08—113—2017的要求。当无合同约定时应按照下列规定抽样：每个单位工程的外墙不应少于3处，每处一个检查点；当一个单位工程外墙有2种以上节能保温做法时，每种节能做法的外墙应抽查不少于3处。

取样要求：每个单位工程的外墙、每种节能做法不应少于3处，每处一个检查点。

检测类型：现场检测。

### 12.2.2.6 保温板与基层及各构造层之间的粘结强度（地标）

检测项目：保温板与基层及各构造层之间的粘结强度。

检测依据：《建筑节能工程施工质量验收规程》DGJ 08—113—2017中4.2.4-2条：墙体节能工程的施工应符合下列规定：2 保温板与基层及各构造层之间的粘结或连接必须牢固，粘结强度和连接方式应符合设计要求，保温板胶粘剂涂布面积应符合附录H的规定。保温板与基层的粘结强度应做现场拉拔试验。

检验批次：1. 采用相同材料、工艺和施工做法的墙面，每500～1000m²保温面积划分为一个检验批，不足500m²也应为一个检验批；2. 检验批的划分也可根据与施工流程相一致且方便施工与验收的原则，由施工单位与监理（建设）单位共同商定，但一个检验批保温面积不得大于3000m²。

取样要求：每个检验批应抽查3处。

检测类型：现场检测。

### 12.2.2.7 锚固件（地标）

检测项目：后置锚固件的锚固力现场拉拔试验。

检测依据：《建筑节能工程施工质量验收规程》DGJ 08—113—2017中4.2.4-4条：墙体节能工程的施工应符合下列规定：4 当墙体节能工程的保温层采用预埋或后置锚固件固定时，锚固件规格、数量、位置、有效锚固深度和拉拔力应符合设计要求和相关标准规定。后置锚固件的锚固力应进行现场拉拔试验。

检验批次：1. 采用相同材料、工艺和施工做法的墙面，每500～1000m²保温面积划分为一个检验批，不足 500m² 也应为一个检验批；2. 检验批的划分也可根据与施工流程相一致且方便施工与验收的原则，由施工单位与监理（建设）单位共同商定，但一个检验批保温面积不得大于 3000m²。

取样要求：每个检验批，不同基层墙体应分别抽查 3 处。

检测类型：现场检测。

### 12.2.2.8 反射隔热涂料（地标）

检测项目：太阳光反射比和近红外反射比现场实体检验。

检测依据：《建筑节能工程施工质量验收规程》DGJ 08—113—2017 中 4.2.7 条：反射隔热涂料施工完成后应由建设单位委托有资质的第三方检测机构对饰面层进行太阳光反射比和近红外反射比现场实体检验，现场检测值不应低于设计值的 90%。

检验批次：同一厂家、同一品种产品，按扣除门窗后的墙面面积，在 5000m² 以内时应复检 1 次，当面积增加时，每增加 5000m² 应增加一次，同工程项目、同施工单位且同时施工的多个单位工程（群体建筑），可合并计算保温墙面抽检面积。

取样要求：每一批次随机选取 3 组测样，每组至少选择 3 个测点。

检测类型：现场检测。

## 12.3 幕墙节能工程

### 12.3.1 保温隔热材料（国标）

检测项目：导热系数或热阻、密度、吸水率、燃烧性能（不燃材料除外）。

检测依据：《建筑节能与可再生能源利用通用规范》GB 55015—2021 中 6.1.1 条：建筑节能工程采用的材料、构件和设备，应在施工现场随机抽样复验，复验应为见证取样检验。《建筑节能与可再生能源利用通用规范》GB 55015—2021 中 6.2.2-1 条：幕墙（含采光顶）节能工程使用的材料、构件和设备施工进场复验应包括：保温隔热材料的导热系数或热阻、密度、吸水率、燃烧性能（不燃材料除外）。

检验批次：同厂家、同品种产品，幕墙面积在 3000m² 以内时应复验 1 次；面积每增加 3000m² 应增加 1 次。同工程项目、同施工单位且同期施工的多个单位工程，可合并计算抽检面积。

取样要求：工程实际产品 10m²/组（不燃材料 2m²/组），共 1 组。型号规格、标称密度。

检测类型：材料检测。

### 12.3.2 幕墙玻璃（国标）

检测项目：可见光透射比、传热系数、太阳得热系数、中空玻璃密封性能。

检测依据：《建筑节能与可再生能源利用通用规范》GB 55015—2021 中 6.1.1 条：建

筑节能工程采用的材料、构件和设备，应在施工现场随机抽样复验，复验应为见证取样检验。《建筑节能与可再生能源利用通用规范》GB 55015—2021 中 6.2.2–2 条：幕墙（含采光顶）节能工程使用的材料、构件和设备施工进场复验应包括：幕墙玻璃的可见光透射比、传热系数、太阳得热系数，中空玻璃的密封性能。

检验批次：同厂家、同品种产品，幕墙面积在 3000m² 以内时应复验 1 次；面积每增加 3000m² 应增加 1 次。同工程项目、同施工单位且同期施工的多个单位工程，可合并计算抽检面积。

取样要求：工程实际产品 3 块 / 组，每块 100mm×100mm。

检测类型：材料检测。

### 12.3.3  隔热型材（国标）

检测项目：抗拉强度、抗剪强度。

检测依据：《建筑节能与可再生能源利用通用规范》GB 55015—2021 中 6.1.1 条：建筑节能工程采用的材料、构件和设备，应在施工现场随机抽样复验，复验应为见证取样检验。《建筑节能与可再生能源利用通用规范》GB 55015—2021 中 6.2.2–3 条：幕墙（含采光顶）节能工程使用的材料、构件和设备施工进场复验应包括：隔热型材的抗拉强度、抗剪强度。

检验批次：同厂家、同品种产品，幕墙面积在 3000m² 以内时应复验 1 次；面积每增加 3000m² 应增加 1 次。同工程项目、同施工单位且同期施工的多个单位工程，可合并计算抽检面积。

取样要求：根据相关产品标准和检测要求进行取样。

检测类型：材料检测。

### 12.3.4  透光、半透光遮阳材料（国标）

检测项目：透光、半透光遮阳材料的太阳光透射比、太阳光反射比。

检测依据：《建筑节能与可再生能源利用通用规范》GB 55015—2021 中 6.1.1 条：建筑节能工程采用的材料、构件和设备，应在施工现场随机抽样复验，复验应为见证取样检验。《建筑节能与可再生能源利用通用规范》GB 55015—2021 中 6.2.2–4 条：幕墙（含采光顶）节能工程使用的材料、构件和设备施工进场复验应包括：透光、半透光遮阳材料的太阳光透射比、太阳光反射比。

检验批次：同厂家、同品种产品，幕墙面积在 3000m² 以内时应复验 1 次；面积每增加 3000m² 应增加 1 次。同工程项目、同施工单位且同期施工的多个单位工程，可合并计算抽检面积。

取样要求：根据相关产品标准和检测要求进行取样。

检测类型：材料检测。

## 12.3.5　保温材料（地标）

检测项目：导热系数、密度。

检测依据：《建筑节能工程施工质量验收规程》DGJ 08—113—2017 中 5.2.3-1 条：幕墙节能工程使用的材料、构件等进场时，应对其下列性能进行复验，复验应为见证取样送检。1 保温材料的导热系数、密度。

检验批次：同一厂家的同一种产品抽查不少于 1 组。

取样要求：工程实际产品规格，2 块/组，共 3 组。

检测类型：材料检测。

## 12.3.6　幕墙玻璃（地标）

检测项目：可见光透射比、传热系数、遮阳系数、中空玻璃密封性能。

检测依据：《建筑节能工程施工质量验收规程》DGJ 08—113—2017 中 5.2.3-2 条：幕墙节能工程使用的材料、构件等进场时，应对其下列性能进行复验，复验应为见证取样送检。2 幕墙玻璃的可见光透射比、传热系数、遮阳系数、中空玻璃密封性能。

检验批次：同一厂家的同一种产品抽查不少于 1 组。

取样要求：工程实际产品：3 块，每块 100mm×100mm。

检测类型：材料检测。

## 12.3.7　隔热型材（地标）

检测项目：抗拉强度、抗剪强度。

检测依据：《建筑节能工程施工质量验收规程》DGJ 08—113—2017 中 5.2.3-3 条：幕墙节能工程使用的材料、构件等进场时，应对其下列性能进行复验，复验应为见证取样送检。3 隔热型材的抗拉强度、抗剪强度。

检验批次：同一厂家的同一种产品抽查不少于 1 组。

取样要求：根据相关产品标准和检测要求进行取样。

检测类型：材料检测。

# 12.4　门窗节能工程

## 12.4.1　门窗、玻璃、透光和部分透光遮阳材料（国标）

检测项目：

1. 严寒、寒冷地区：门窗的传热系数、气密性能；

2. 夏热冬冷地区：门窗的传热系数、气密性能，玻璃的遮阳系数、可见光透射比；

3. 夏热冬暖地区：门窗的气密性能，玻璃的遮阳系数、可见光透射比；

4. 严寒、寒冷、夏热冬冷和夏热冬暖地区：透光、部分透光遮阳材料的太阳光透射比、太阳光反射比，中空玻璃的密封性能；

检测依据：《建筑节能与可再生能源利用通用规范》GB 55015—2021 中 6.1.1 条：建筑节能工程采用的材料、构件和设备，应在施工现场随机抽样复验，复验应为见证取样检验。《建筑节能与可再生能源利用通用规范》GB 55015—2021 中 6.2.3 条：门窗（包括天窗）节能工程使用的材料、构件进场时，应按工程所处的气候区核查质量证明文件、节能性能标识证书、门窗节能性能计算书、复验报告，并对检测项目中列明的性能进行复验，复验应为见证取样检验。

检验批次：按同厂家、同材质、同开启方式、同型材系列的产品各抽查一次，同工程项目、同施工单位且同期施工的多个单位工程，可合并计算抽检数量。

取样要求：根据相关产品标准和检测要求进行取样。

检测类型：材料检测。

备注：上海属于夏热冬冷地区。

## 12.4.2 外窗（地标）

检测项目：气密性、传热系数、中空坡璃漏点（密封性能）、中空玻璃遮阳系数、中空玻璃可见光透射比。

检测依据：《建筑节能工程施工质量验收规程》DGJ 08—113—2017 中 6.2.2 条：外窗（包括阳台门、天窗）气密性、传热系数、中空玻璃漏点（密封性能）、中空玻璃遮阳系数、中空玻璃可见光透射比应符合设计要求。复验应为见证取样送检。

检验批次：同一厂家同一品种同一类型产品抽查不少于 3 樘。

取样要求：外窗 3 樘；玻璃 3 块，每块 100mm×100mm/组，共 3 组。

检测类型：材料检测。

## 12.4.3 建筑外窗现场实体（国标）

检测项目：气密性。

检测依据：《建筑节能与可再生能源利用通用规范》GB 55015—2021 中 6.2.14-2 条：建筑围护结构节能工程施工完成后，下列建筑外窗应进行气密性实体检验：

1）严寒、寒冷地区建筑；

2）夏热冬冷地区高度大于或等于 24m 的建筑和有集中供暖或供冷的建筑；

3）其他地区有集中供冷或供暖的建筑。

检验批次和取样要求：外窗气密性现场实体检验应按单位工程进行，每种材质、开启方式、型材系列的外窗检验不得少于 3 樘。同工程项目、同施工单位且同期施工的多个单位工程，可合并计算建筑面积，每 30000m² 可视为一个单位工程进行抽样，不足 30000m² 也可视为一个单位工程。

检测类型：现场检测。

备注：上海属于夏热冬冷地区。

## 12.4.4　外窗现场实体（地标）

检测项目：气密性。

检测依据：《建筑节能工程施工质量验收规程》DGJ 08—113—2017 中 6.2.6 条：应对建筑外窗气密性做现场实体检验。

检验批次和取样要求：同一厂家同一品种同一类型产品抽查不少于 3 樘。

检测类型：现场检测。

# 12.5　屋面节能工程

## 12.5.1　保温隔热材料（国标）

检测项目：导热系数或热阻、密度、压缩强度或抗压强度、吸水率、燃烧性能（不燃材料除外）。

检测依据：《建筑节能与可再生能源利用通用规范》GB 55015—2021 中 6.1.1 条：建筑节能工程采用的材料、构件和设备，应在施工现场随机抽样复验，复验应为见证取样检验。《建筑节能与可再生能源利用通用规范》GB 55015—2021 中 6.2.1-1 条：屋面节能工程使用的材料、构件和设备施工进场复验应包括下列内容：保温隔热材料的导热系数或热阻、密度、压缩强度或抗压强度、吸水率、燃烧性能（不燃材料除外）。

检验批次：同厂家、同品种产品，扣除天窗、采光顶的屋面面积后在 1000m² 以内时应复验 1 次；面积每增加 1000m² 应增加复验 1 次。同工程项目、同施工单位且同时施工的多个单位工程（群体建筑），可合并计算抽检面积。当符合《建筑节能工程施工质量验收标准》GB 50411—2019 第 3.2.3 条的规定时，检验批容量可以扩大一倍。

取样要求：工程实际产品 10m²/组（不燃材料 2m²/组），共 1 组。

检测类型：材料检测。

## 12.5.2　反射隔热材料（国标）

检测项目：太阳光反射比、半球发射率。

检测依据：《建筑节能与可再生能源利用通用规范》GB 55015—2021 中 6.1.1 条：建筑节能工程采用的材料、构件和设备，应在施工现场随机抽样复验，复验应为见证取样检验。《建筑节能与可再生能源利用通用规范》GB 55015—2021 中 6.2.1-4 条：墙体节能工程使用的材料、构件和设备施工进场复验应包括下列内容：反射隔热材料的太阳光反射比、半球发射率。

检验批次：同厂家、同品种产品，扣除天窗、采光顶的屋面面积后在 1000m² 以内时应复验 1 次；面积每增加 1000m² 应增加复验 1 次。同工程项目、同施工单位且同时施工的多个单位工程（群体建筑），可合并计算抽检面积。当符合《建筑节能工程施工质量验收标准》GB 50411—2019 第 3.2.3 条的规定时，检验批容量可以扩大一倍。

取样要求：工程实际产品 5kg/组，共 1 组。

检测类型：材料检测。

### 12.5.3 泡沫玻璃（地标）

检测项目：导热系数、密度、抗压强度、燃烧性能、吸水率。

检测依据：《建筑节能工程施工质量验收规程》DGJ 08—113—2017 中 8.2.3-1 条：屋面节能工程使用的保温隔热材料进场时应对其下列性能进行复验，且复验应为见证取样送检。1 保温材料的导热系数或热阻、密度、抗压强度或压缩强度、燃烧性能、吸水率。

检验批次：同厂家、同品种产品，扣除天窗、采光顶的屋面面积后在 1000m² 以内时应复验 1 次；当面积增加时，每增加 2000m² 应增加 1 次，超过 5000m² 时，每增加 3000m² 应增加 1 次；增加的面积不足规定数量时也应增加 1 次。同工程项目、同施工单位且同时施工的多个单位工程（群体建筑），可合并计算屋面抽检面积。

取样要求：工程实际产品 10m²/组（不燃材料 2m²/组），共 3 组。

检测类型：材料检测。

### 12.5.4 岩棉板（地标）

检测项目：导热系数、密度、压缩强度、燃烧性能、吸水率。

检测依据：《建筑节能工程施工质量验收规程》DGJ 08—113—2017 中 8.2.3-1 条：屋面节能工程使用的保温隔热材料进场时应对其下列性能进行复验，且复验应为见证取样送检。1 保温材料的导热系数或热阻、密度、抗压强度或压缩强度、燃烧性能、吸水率。

检验批次：同厂家、同品种产品，扣除天窗、采光顶的屋面面积后在 1000m² 以内时应复验 1 次；当面积增加时，每增加 2000m² 应增加 1 次，超过 5000m² 时，每增加 3000m² 应增加 1 次；增加的面积不足规定数量时也应增加 1 次。同工程项目、同施工单位且同时施工的多个单位工程（群体建筑），可合并计算屋面抽检面积。

取样要求：工程实际产品 10m²/组（不燃材料 2m²/组），共 3 组。

检测类型：材料检测。

### 12.5.5 真空绝热板（地标）

检测项目：导热系数、压缩强度、燃烧性能、吸水率。

检测依据：《建筑节能工程施工质量验收规程》DGJ 08—113—2017 中 8.2.3-1 条：屋面节能工程使用的保温隔热材料进场时应对其下列性能进行复验，且复验应为见证取样送检。1 保温材料的导热系数或热阻、密度、抗压强度或压缩强度、燃烧性能、吸水率。

检验批次：同厂家、同品种产品，扣除天窗、采光顶的屋面面积后在 1000m² 以内时应复验 1 次；当面积增加时，每增加 2000m² 应增加 1 次，超过 5000m² 时，每增加 3000m² 应增加 1 次；增加的面积不足规定数量时也应增加 1 次。同工程项目、同施工单位且同时施工的多个单位工程（群体建筑），可合并计算屋面抽检面积。

取样要求：工程实际产品 10m²/组（不燃材料 2m²/组），共 3 组。

检测类型：材料检测。

### 12.5.6 反射隔热涂料（地标）

检测项目：污染后太阳光反射比、近红外反射比、半球发射率。

检测依据：《建筑节能工程施工质量验收规程》DGJ 08—113—2017 中 8.2.3-2 条：屋面节能工程使用的保温隔热材料进场时应对其下列性能进行复验，且复验应为见证取样送检。2 反射隔热涂料的污染后太阳光反射比、近红外反射比、半球发射率。

检验批次：同厂家、同品种产品，扣除天窗、采光顶的屋面面积后在 1000m² 以内时应复验 1 次；当面积增加时，每增加 2000m² 应增加 1 次，超过 5000m² 时，每增加 3000m² 应增加 1 次；增加的面积不足规定数量时也应增加 1 次。同工程项目、同施工单位且同时施工的多个单位工程（群体建筑），可合并计算屋面抽检面积。

取样要求：工程实际产品 5kg/组，共 1 组。

检测类型：材料检测。

## 12.6 地面节能工程

### 12.6.1 保温隔热材料（国标）

检测项目：导热系数或热阻、密度、压缩强度或抗压强度、吸水率、燃烧性能（不燃材料除外）。

检测依据：《建筑节能与可再生能源利用通用规范》GB 55015—2021 中 6.1.1 条：建筑节能工程采用的材料、构件和设备，应在施工现场随机抽样复验，复验应为见证取样检验。《建筑节能与可再生能源利用通用规范》GB 55015—2021 中 6.2.1-1 条：地面节能工程使用的材料、构件和设备施工进场复验应包括下列内容：保温隔热材料的导热系数或热阻、密度、压缩强度或抗压强度、吸水率、燃烧性能（不燃材料除外）。

检验批次：同厂家、同品种产品，地面面积在 1000m² 以内时应复验 1 次；面积每增加 1000m² 应增加 1 次。同工程项目、同施工单位且同期施工的多个单位工程，可合并计算抽检面积。当符合《建筑节能工程施工质量验收标准》GB 50411—2019 第 3.2.3 条的规定时，检验批容量可以扩大一倍。

取样要求：工程实际产品 10m²/组（不燃材料 2m²/组），共 1 组。

检测类型：材料检测。

### 12.6.2　保温隔热材料（地标）

检测项目：导热系数、密度、抗压强度或压缩强度、吸水率、燃烧性能。

检测依据：《建筑节能工程施工质量验收规程》DGJ 08—113—2017 中 9.2.3 条：楼地面节能工程采用的保温材料，进场时应对其导热系数、密度、抗压强度或压缩强度、吸水率、燃烧性能进行复验，复验应为见证取样送检。

检验批次：同厂家、同品种产品，地面面积在 1000m² 以内时应复验 1 次；当面积增加时，每增加 2000m² 应增加 1 次，超过 5000m² 时，每增加 3000m² 应增加 1 次；增加的面积不足规定数量时也应增加 1 次。

取样要求：工程实际产品 10m²/组（不燃材料 2m²/组），共 1 组。

检测类型：材料检测。

## 12.7　供暖、通风与空调节能工程

### 12.7.1　绝热材料（国标）

检测项目：导热系数或热阻、密度、吸水率。

检测依据：《建筑节能与可再生能源利用通用规范》GB 55015—2021 中 6.1.1 条：建筑节能工程采用的材料、构件和设备，应在施工现场随机抽样复验，复验应为见证取样检验。《建筑节能与可再生能源利用通用规范》GB 55015—2021 中 6.3.1-3 条：供暖通风空调节能工程采用的材料、构件和设备施工进场复验应包括下列内容：绝热材料的导热系数或热阻、密度、吸水率。

检验批次：同厂家、同材质的绝热材料，复验次数不得少于 2 次。

取样要求：工程实际产品 10m²/组（不燃材料 2m²/组），共 1 组。

检测类型：材料检测。

### 12.7.2　保温材料—橡塑（地标）

检测项目：导热系数、密度、吸水率。

检测依据：《建筑节能工程施工质量验收规程》DGJ 08—113—2017 中 10.2.3 条：供暖、通风与空调节能工程中绝热材料进场时，应对绝热材料导热系数、密度、吸水率等技术参数进行复验，复验应为见证取样送检。

检验批次：同一厂家同材质的绝热材料见证送样次数不得少于 2 次。

取样要求：工程实际产品 2m²/组，共 3 组。

检测类型：材料检测。

### 12.7.3 保温材料—玻璃棉（地标）

检测项目：导热系数、密度、吸水率。

检测依据：《建筑节能工程施工质量验收规程》DGJ 08—113—2017 中 10.2.3 条：供暖、通风与空调节能工程中绝热材料进场时，应对绝热材料导热系数、密度、吸水率等技术参数进行复验，复验应为见证取样送检。

检验批次：同一厂家同材质的绝热材料见证送样次数不得少于 2 次。

取样要求：工程实际产品 $2m^2$/组，共 3 组。

检测类型：材料检测。

## 12.8 配电与照明节能工程及太阳能光热系统节能工程

### 12.8.1 电线、电缆

检测项目：导体电阻值。

检测依据：《建筑节能与可再生能源利用通用规范》GB 55015—2021 中 6.1.1 条：建筑节能工程采用的材料、构件和设备，应在施工现场随机抽样复验，复验应为见证取样检验。《建筑节能与可再生能源利用通用规范》GB 55015—2021 中 6.3.2-5 条：配电与照明节能工程采用的材料、构件和设备施工进场复验应包括下列内容：电线、电缆导体电阻值。

检验批次：同厂家各种规格总数的 10%，且不少于 2 个规格。

取样要求：工程实际产品，每个规格 5m/组，共 1 组。

检测类型：材料检测。

### 12.8.2 保温材料

检测项目：导热系数或热阻、密度、吸水率。

检测依据：《建筑节能与可再生能源利用通用规范》GB 55015—2021 中 6.1.1 条：建筑节能工程采用的材料、构件和设备，应在施工现场随机抽样复验，复验应为见证取样检验。《建筑节能与可再生能源利用通用规范》GB 55015—2021 中 6.4.1-3 条：太阳能系统节能工程采用的材料、构件和设备施工进场复验应包括下列内容：保温材料的导热系数或热阻、密度、吸水率。

检验批次：同厂家、同材质的保温材料，复验次数不得少于 2 次。

取样要求：工程实际产品 $2m^2$/组，共 1 组。

检测类型：材料检测。

# 13 建筑结构加固工程

## 13.1 编制依据

本章以《建筑结构加固工程施工质量验收规范》GB 50550—2010 为主要编制依据，其他引用的编制依据如下：

1.《混凝土结构工程施工质量验收规范》GB 50204—2015

2.《混凝土结构加固设计规范》GB 50367—2013

3.《工程结构加固材料安全性鉴定技术规范》GB 50728—2011

4.《通用硅酸盐水泥》GB 175—2007

5.《钢筋混凝土用钢 第1部分：热轧光圆钢筋》GB/T 1499.1—2017

6.《钢筋混凝土用钢 第2部分：热轧带肋钢筋》GB/T 1499.2—2018

7.《低合金高强度结构钢》GB/T 1591—2018

8.《非合金钢及细晶粒钢焊条》GB/T 5117—2012

9.《预应力混凝土用钢绞线》GB/T 5224—2014

10.《混凝土外加剂》GB 8076—2008

11.《不锈钢丝绳》GB/T 9944—2015

12.《钢筋混凝土用余热处理钢筋》GB 13014—2013

13.《预应力筋用锚具、夹具和连接器》GB/T 14370—2015

14.《混凝土外加剂应用技术规范》GB 50119—2013

15.《钢筋焊接及验收规程》JGJ 18—2012

16.《普通混凝土用砂、石质量及检验方法标准》JGJ 52—2006

17.《混凝土用水标准》JGJ 63—2006

18.其他相关现行有效标准

## 13.2 主要原材料

### 13.2.1 混凝土原材料

#### 13.2.1.1 水泥

检测项目：强度、安定性及其他必要的性能指标。

检测依据：《建筑结构加固工程施工质量验收规范》GB 50550—2010 中 4.1.1 条：结

构加固工程用的水泥进场时应对其品种、级别、包装或散装仓号、出厂日期等进行检查，并对其强度、安定性及其他必要的性能指标进行见证取样复验。

检验批次：按同一生产厂家、同一等级、同一品种、同一批号且同一次进场的水泥，以 30t 为一批（不足 30t，按 30t 计），每批见证取样不应少于一次。

取样要求：6kg/组。

检测类型：材料检测。

### 13.2.1.2 混凝土外加剂

检测项目：

（1）普通型减水剂、高效减水剂、高性能减水剂：减水率、pH 值，密度（细度）、含固量（含水率），早强型还应检测 1d 抗压强度比，缓凝型还应检测凝结时间差；

（2）引气剂、引气减水剂：pH 值、密度（细度）、含固量（含水率）、含气量、含气量经时损失、引气减水剂还应检测减水率；

（3）缓凝剂：pH 值、密度（细度）、含固量（含水率）、混凝土凝结时间差；

（4）泵送剂：pH 值、密度（细度）、含固量（含水率）、减水率、混凝土 1h 坍落度变化值；

（5）速凝剂：密度（细度）、水泥净浆初凝时间和终凝时间。

检测依据：《建筑结构加固工程施工质量验收规范》GB 50550—2010 中 4.1.2 条：普通混凝土中掺用的外加剂（不包括阻锈剂），其质量及应用技术应符合现行国家标准《混凝土外加剂》GB 8076 及《混凝土外加剂应用技术规范》GB 50119 的要求。

检验批次：按同一厂家、同一品种、同一性能、同一批号且连续进行的混凝土外加剂，不超过 50t 为一批，每批抽样数量不应少于一次。

取样要求：不少于 0.2t 胶凝材料所用的外加剂量。

检测类型：材料检测。

### 13.2.1.3 粉煤灰

检测项目：烧失量。

检测依据：《建筑结构加固工程施工质量验收规范》GB 50550—2010 中 4.1.3 条：现场搅拌的混凝土中不得掺入粉煤灰。当采用掺有粉煤灰的预拌混凝土时，其粉煤灰应为 I 级灰，且烧失量不应大于 5%。

检验批次：按同一厂家、同一品种、同一批号的粉煤灰不超过 500t 为一批，每批抽样数量不应少于一次。

取样要求：3kg/组。

检测类型：材料检测。

### 13.2.1.4 混凝土粗、细骨料

检测项目：细骨料：颗粒级配、含泥量、泥块含量、氯离子、贝壳含量；

粗骨料：颗粒级配、含泥量、泥块含量、针片状颗粒含量、压碎值。

检测依据：《建筑结构加固工程施工质量验收规范》GB 50550—2010 中 4.1.4 条：配

制结构加固用的混凝土，其粗、细骨料的品种和质量，除应符合现行行业标准《普通混凝土用砂、石质量及检验方法标准》JGJ 52 的要求外，尚应符合下列规定：

1 粗骨料的最大粒径：对拌合混凝土，不应大于 20mm；对喷射混凝土，不应大于 12mm；对掺加短纤维的混凝土，不应大于 10mm；

2 细骨料应为中、粗砂，其细度模数不应小于 2.5。

检验批次：同产地、同规格的骨料，采用大型工具运输的以不大于 400m³ 或 600t 的产品为一批，采用小型工具运输的以不大于 200m³ 或 300t 的产品为一批，每批抽样不少于 1 次。

取样要求：细骨料不少于 40kg/组；粗骨料不少于 100kg/组。

检测类型：材料检测。

#### 13.2.1.5 混凝土拌合用水

检测项目：pH 值、不溶物、可溶物、氯化物、硫酸盐、碱含量、凝结时间差、水泥胶砂抗压强度比。

检测依据：《建筑结构加固工程施工质量验收规范》GB 50550—2010 中 4.1.5 条：拌制混凝土应采用饮用水或水质符合现行行业标准《混凝土用水标准》JGJ 63 规定的天然洁净水。

检验批次：同一水源检查不应少于一次。

取样要求：4L/组。

检测类型：材料检测。

### 13.2.2 钢材

#### 13.2.2.1 钢筋

检测项目：下屈服强度、抗拉强度、断后伸长率/最大力总伸长率、弯曲性能/反向弯曲性能、重量偏差。

检测依据：《建筑结构加固工程施工质量验收规范》GB 50550—2010 中 4.2.1 条：结构加固用的钢筋，其品种、规格、性能应符合设计要求。钢筋进场时，应分别按照现行国家标准《钢筋混凝土用钢 第 1 部分：热轧光圆钢筋》GB/T 1499.1、《钢筋混凝土用钢 第 2 部分：热轧带肋钢筋》GB/T 1499.2、《钢筋混凝土用余热处理钢筋》GB 13014、《预应力混凝土用钢绞线》GB/T 5224 等的规定，见证取样作力学性能复验。

检验批次：按进场的批次，逐批检查，同牌号、同生产单位、同规格、同炉罐号且不大于 60t 为一批，抽检不少于 1 组。

取样要求：550mm 长，17 根/组。

检测类型：材料检测。

#### 13.2.2.2 型钢、钢板

检测项目：屈服强度、抗拉强度、伸长率、冲击吸收功、化学分析。

检测依据：《建筑结构加固工程施工质量验收规范》GB 50550—2010 中 4.2.2 条：型钢、钢板和连接用的紧固件进场时，应按现行国家标准《混凝土结构工程施工质量验收规范》GB 50204—2015 等的规定见证取样作安全性能复验，其质量必须符合设计和合同的要求。

检验批次：按进场的批次，逐批检查，且每批抽取一组试样进行复验。组内试件数量按所执行试验方法标准确定。

取样要求：型钢 450mm 长 2 段，钢板 400mm×300mm 一块。

检测类型：材料检测。

### 13.2.2.3 连接用的紧固件

检测项目：保证载荷、最小拉力载荷、抗拉强度。

检测依据：同 13.2.2.2 节。

检验批次：按进场的批次，逐批检查，且每批抽取一组试样进行复验。组内试件数量按所执行试验方法标准确定。

取样要求：16 套 / 组。

检测类型：材料检测。

### 13.2.2.4 预应力专用钢筋

检测项目：力学性能（抗拉强度、伸长率）。

检测依据：《建筑结构加固工程施工质量验收规范》GB 50550—2010 中 4.2.3 条：预应力加固专用的钢材进场时，应根据其品种分别按现行国家标准《钢筋混凝土用余热处理钢筋》GB 13014、《预应力混凝土用钢丝》GB/T 5223、《预应力混凝土用钢绞线》GB/T 5224 和《碳素结构钢》GB/T 700、《低合金高强度结构钢》GB/T 1591 等的规定，见证取样作力学性能复验，其质量必须符合相应标准的规定。

检验批次：按进场的批次，逐批检查，且每批抽取一组试样进行复验。组内试件数量按所执行试验方法标准确定。

取样要求：钢丝、钢绞线：1m 长，3 根 / 组。

检测类型：材料检测。

### 13.2.2.5 锚具、夹具和连接器等

检测项目：硬度、静载锚固试验

检测依据：《建筑结构加固工程施工质量验收规范》GB 50550—2010 中 4.2.4 条：千斤顶张拉用的锚固、夹具和连接器等应按设计要求采用；其性能应符合现行国家标准《预应力筋用锚具、夹具和连接器》GB/T 14370 等的规定。

检验批次：同厂家、同品种、同材料、同工艺，且≤2000 套的锚具或≤500 套的夹具、连接器为一个检验批，每一个检验批抽检应不少于 1 组。

取样要求：锚具夹片做硬度检测，代表数量的 3%，且不少于 5 套（多孔锚具的夹片，每个不少于 6 片）。静载锚固性能：钢绞线 1m 长 3 根 / 组；挤压锚：1m 长 3 根 / 组。

检测类型：材料检测。

### 13.2.2.6 钢丝绳网片

检测项目：整绳破断拉力、弹性模量和伸长率。

检测依据：《建筑结构加固工程施工质量验收规范》GB 50550—2010 中 4.2.6 条：钢丝绳网片进场时，应分别按照现行国家标准《不锈钢丝绳》GB/T 9944 和行业标准《航空用钢丝绳》YB/T 5197 等的规定见证抽取试件做整绳破断拉力、弹性模量和伸长率检验。

检验批次：按进场批次和产品抽样检验方案确定。

取样要求：1000mm 长，3 根/组。

检测类型：材料检测。

### 13.2.2.7 焊接材料

检测项目：屈服强度、抗拉强度、伸长率、冲击吸收功、化学分析。

检测依据：《建筑结构加固工程施工质量验收规范》GB 50550—2010 中 4.3.1 条：结构加固用的焊接材料，其品种、规格、型号和性能应符合现行国家产品标准和设计要求。焊接材料进场时应按现行国家标准《非合金钢及细晶粒钢焊条》GB/T 5117、《热强钢焊条》GB/T 5118 等的要求进行见证取样复验。

检验批次：抽样数量按进场批次和产品的抽样检验方案确定。

取样要求：根据不同产品标准要求按《焊接材料的检验 第 1 部分：钢、镍及镍合金熔敷金属力学性能试样的制备及检验》GB/T 25774.1—2010 中表 1 制备一块；焊丝 1m 长一段。

检测类型：材料检测。

## 13.2.3 结构胶粘剂

检测项目：钢对钢拉伸剪切强度标准值、钢-混凝土正拉粘结强度、耐湿热老化性能（或耐湿热老化快速测定）、不挥发物含量、T 冲击剥离性能（抗震设防烈度为 7 度及 7 度以上地区）、初黏度或触变指数。

检测依据：

1.《建筑结构加固工程施工质量验收规范》GB 50550—2010 中 4.4.1 条：结构胶粘剂进场时，施工单位应会同监理人员对其品种、级别、批号、包装、中文标志、产品合格证、出厂日期、出厂检验报告等进行检查；同时，应对其钢对钢拉伸剪切强度、钢-混凝土正拉粘结强度和耐湿热老化性能等三项重要性能指标以及该胶粘剂不挥发物含量进行见证取样复验；对抗震设防烈度为 7 度及 7 度以上地区建筑加固用的粘钢和粘贴纤维复合材的结构胶粘剂，尚应进行抗冲击剥离能力的见证取样复验。

2.《建筑结构加固工程施工质量验收规范》GB 50550—2010 中 4.4.3 条：对结构胶粘剂性能和质量的复验，宜先测定其不挥发物含量；若测定结果不合格，便不再对其他项目进行测定，而应检查该结构胶存在的质量问题。

3.《建筑结构加固工程施工质量验收规范》GB 50550—2010 中 4.4.4-2 条：对耐湿热老化性能已通过独立检测机构验证性试验的产品，其进场复验，应按本规范附录 J 的规定进行快速检测与评定。

4.《建筑结构加固工程施工质量验收规范》GB 50550—2010 中 4.4.6 条：结构胶粘剂

进场时，应见证取样复验其混合后初黏度或触变指数。

检验批次：按进场批次，每批号见证取样3件，每件每组分称取500g，并按相同组分予以混匀后送独立检验机构复验。

取样要求：每批号取样3件，每件每组分称取500g，并按相同组分予以混匀后送检。

检测类型：材料检测。

## 13.2.4 碳纤维织物（碳纤维布）、碳纤维预成型板、玻璃纤维织物（玻璃纤维布）

检测项目：抗拉强度标准值、弹性模量、极限伸长率、单位面积质量（纤维织物）或预成型板的纤维体积含量、碳纤维织物的K数、正拉粘结强度和层间剪切强度（需要进行适配性试验时）。

检测依据：《建筑结构加固工程施工质量验收规范》GB 50550—2010中4.5.1条：碳纤维织物（碳纤维布）、碳纤维预成型板（以下简称板材）以及玻璃纤维织物（玻璃纤维布）应按工程用量一次进场到位。纤维材料进场时，施工单位应会同监理人员对其品种、级别、型号、规格、包装、中文标志、产品合格证和出厂检验报告等进行检查，同时尚应对下列重要性能和质量指标进行见证取样复验。

1 纤维复合材的抗拉强度标准值、弹性模量和极限伸长率；

2 纤维织物的单位面积质量和预制成型板纤维体积含量；

3 碳纤维织物的K数。

若检验中发现该产品尚未与配套的胶粘剂进行过适配性试验，应见证取样送独立检测机构，进行正拉粘结强度和层间剪切强度检测。

检验批次：按进场批号，每批号见证取样3件，从每件中，按每一检验项目各裁取一组试样的用料。

取样要求：不少于 $0.5m^2$/组。

检测类型：材料检测。

## 13.2.5 聚合物砂浆原材料

检测项目：劈裂抗拉强度、抗折强度及聚合物砂浆与钢粘结的拉伸抗剪强度。

检测依据：《建筑结构加固工程施工质量验收规范》GB 50550—2010中4.7.1条：聚合物砂浆原材料进场时，施工单位应会同监理单位对其品种、型号、包装、中文标志、出厂日期、出厂检验合格报告等进行检验，同时尚应对聚合物砂浆体的劈裂抗拉强度、抗折强度及聚合物砂浆与钢粘结的拉伸抗剪强度进行见证复验。

检验批次：按进场批号，每批号见证抽样3件，每件每组分不少于4kg，并按同组分予以混合后送独立检测机构复验。

取样要求：不少于 12kg/组。

检测类型：材料检测。

### 13.2.6　混凝土用结构界面胶（剂）

检测项目：与混凝土的正拉粘结强度、剪切粘结强度、耐湿热老化快速复验。

检测依据：《建筑结构加固工程施工质量验收规范》GB 50550—2010 中 4.9.2 条：结构界面胶（剂）应一次进场到位。进场时，应对其品种、型号、批号、包装、中文标志、出厂日期、产品合格证、出厂检验报告等进行检查，并应对下列项目进行见证抽样复验：

1　与混凝土的正拉粘结强度及其破坏形式；

2　剪切粘结强度及其破坏形式；

3　耐湿热老化性能现场快速复验。

检验批次：按进场批次，每批次见证抽取 3 件作为 1 组。

取样要求：不少于 2kg/ 组。

检测类型：材料检测。

### 13.2.7　结构加固用水泥基灌浆材料

检测项目：流动度、抗压强度及其与混凝土正拉粘结强度。

检测依据：《建筑结构加固工程施工质量验收规范》GB 50550—2010 中 4.10.1 条：应按本规范中表 4.10.1 规定的检验项目与合格指标，检查产品出厂检验报告，并见证取样复验其浆体流动度、抗压强度及其与混凝土正拉粘结强度 3 个项目。若产品出厂报告中有漏检项目，也应在复验中予以补检。

检验批次：同厂家、同品种的成品灌浆料应以 200t 为一个留样检验批，不足 200t 时按一个检验批计。

取样要求：不少于 25kg/ 组。

检测类型：材料检测。

### 13.2.8　结构加固用水泥基灌浆材料配制用水

检测项目：pH 值、不溶物、可溶物、氯化物、硫酸盐、碱含量、凝结时间差、水泥胶砂抗压强度比。

检测依据：《建筑结构加固工程施工质量验收规范》GB 50550—2010 中 4.10.3 条：配制灌浆料的用水，其水质应符合本规范第 4.1.5 条的规定。

检验批次：同 13.2.1.5 节。

取样要求：同 13.2.1.5 节。

检测类型：材料检测。

### 13.2.9　自扩底锚栓、模扩底锚栓或倒锥形锚栓

检测项目：锚栓钢材受拉性能。

检测依据：《建筑结构加固工程施工质量验收规范》GB 50550—2010 中 4.11.1 条：结

构加固用锚栓应采用自扩底锚栓、模扩底锚栓或倒锥形锚栓，且应按工程用量一次进场到位。进场时，应对其品种、型号、规格、中文标志和包装、出厂检验合格报告等进行检查，并应对锚栓钢材受拉性能指标进行见证抽样复验。

检验批次：按同一规格包装箱数为一检验批，随机抽取 3 箱（不足 3 箱应全取）的锚栓，经混合均匀后，从中见证抽取 5% 且不少于 5 个。

取样要求：3 箱锚栓数中的 5% 且不少于 5 个。

检测类型：材料检测。

## 13.3 混凝土构件增大截面工程

### 13.3.1 新增界面施工时用混凝土

#### 13.3.1.1 混凝土试块

检测项目：28d 抗压强度、同条件试块抗压强度。

检测依据：《建筑结构加固工程施工质量验收规范》GB 50550—2010 中 5.3.2 条：新增混凝土的强度等级必须符合设计要求。用于检查结构构件新增混凝土强度的试块，应在监理工程师见证下，在混凝土的浇筑地点随机抽取。

检验批次：

1. 每拌制 50 盘（不足 50 盘，按 50 盘计）同一配比的混凝土，取样不得少于一次；

2. 每次取样应至少留置一组标准养护试块；同条件养护试块的留置数量应根据混凝土工程量及其重要性确定，且不应少于 3 组。

取样要求：100mm×100mm×100mm 或 150mm×150mm×150mm 立方体试件一组三块。

检测类型：材料检测。

#### 13.3.1.2 混凝土结构

检测项目：回弹法或超声—回弹综合法测强度。

检测依据：《建筑结构加固工程施工质量验收规范》GB 50550—2010 中 5.3.3 条：若试块不慎丢失、漏取或受损，或对试块强度试验报告有怀疑时，应经监理单位核实并同意后，由独立检测机构选用适宜的现场非破损检测方法推定新增混凝土强度。

检验批次：根据 GB 50550—2010 附录 T 的规定及现场试块漏取或丢失情况，制定检测方案及取样规则。

检测类型：现场检测。

### 13.3.2 施工质量检验1

检测项目：正拉粘结强度现场检测。

检测依据：《建筑结构加固工程施工质量验收规范》GB 50550—2010 中 5.4.4 条：当设计对使用结构界面剂（胶）的新旧混凝土粘结强度有复验要求时，应在新增混凝土 28d

抗压强度达到设计要求的当天，进行新旧混凝土正拉粘结强度的见证抽样检验。

检验批次：

1. 梁、柱类构件以同规格、同型号的构件为一个检验批。每批构件随机抽取的受检构件应按该批构件总数的 10% 确定，但不得少于 3 根；以每根受检构件为一检验组；每组 3 个检验点。

2. 板、墙类构件应以同种类、同规格的构件为一检验批，每批按实际粘贴、喷抹的加固材料表面积（不论粘贴的层数）均匀划分为若干区，每区 100m²（不足 100m²，按 100m² 计），且每一楼层不得少于 1 区；以每区为一检验组，每组 3 个检验点。

检测类型：现场检测。

### 13.3.3 施工质量检验2

检测项目：钢筋保护层厚度。

检测依据：《建筑结构加固工程施工质量验收规范》GB 50550—2010 中 5.4.5 条：新增钢筋的保护层厚度抽样检验结果应合格。

检验批次：抽样数量应符合现行国家标准《混凝土结构工程施工质量验收规范》GB 50204 的规定。

检测类型：现场检测。

## 13.4 局部置换混凝土工程

### 13.4.1 钢筋焊接连接

检测项目：抗拉强度、弯曲性能。

检测依据：《建筑结构加固工程施工质量验收规范》GB 50550—2010 中 6.4.1 条：置换混凝土需补配钢筋或箍筋时，其安装位置及其与原钢筋焊接方法，应符合设计规定；其焊接质量应符合现行行业标准《钢筋焊接及验收规程》JGJ 18 的要求。

检验批次：同一台班、同一焊工完成的 300 个同牌号、同直径钢筋焊接接头为一批。

取样要求：焊接工艺和验收检测两端钢筋各外露 150mm ＋焊缝长度，9 根/组。

检测类型：材料检测。

### 13.4.2 置换施工新增混凝土

检测项目：28d 抗压强度、同条件试块抗压强度。

检测依据：《建筑结构加固工程施工质量验收规范》GB 50550—2010 中 6.4.2 条：采用普通混凝土置换时，其施工过程中的质量控制，应符合本规范中第 5.3.2 条及第 5.3.3 条的规定；其他未列事项应符合现行国家标准《混凝土结构工程施工质量验收规范》GB 50204 的规定。

检验批次：同 13.3.1.1 和 13.3.1.2 节。

取样要求：同 13.3.1.1 和 13.3.1.2 节。

检测类型：材料检测／现场检测。

### 13.4.3　施工质量检验1

检测项目：正拉粘结强度现场检测。

检测依据：《建筑结构加固工程施工质量验收规范》GB 50550—2010 中 6.5.3 条：当设计对使用结构界面剂（胶）的新旧混凝土粘结强度有复验要求时，应按本规范第 5.4.4 条的规定进行见证抽样检验和合格评定。

检验批次：同 13.3.2 节。

检测类型：现场检测。

### 13.4.4　施工质量检验2

检测项目：钢筋保护层厚度。

检测依据：《建筑结构加固工程施工质量验收规范》GB 50550—2010 中 6.5.4 条：钢筋保护层厚度的抽样检验结果应合格。

检验批次：同 13.3.3 节。

检测类型：现场检测。

## 13.5　外粘或外包型钢工程

检测项目：正拉粘结强度现场检测。

检测依据：《建筑结构加固工程施工质量验收规范》GB 50550—2010 中 9.6.1 条：应在注胶前，由检验机构派员到现场在被加固构件上预贴正拉粘结强度检验用的标准块；粘贴后，应在接触压条件下，静置 7d 到期时，应立即进行现场检验与合格评定。

检验批次：

1. 梁、柱类构件以同规格、同型号的构件为一个检验批。每批构件随机抽取的受检构件应按该批构件总数的 10% 确定，但不得少于 3 根；以每根受检构件为一检验组；每组 3 个检验点。

2. 板、墙类构件应以同种类、同规格的构件为一检验批，每批按实际粘贴、喷抹的加固材料表面积（不论粘贴的层数）均匀划分为若干区，每区 $100m^2$（不足 $100m^2$，按 $100m^2$ 计），且每一楼层不得少于 1 区；以每区为一检验组，每组 3 个检验点。

检测类型：现场检测。

## 13.6　外粘纤维复合材工程

检测项目：正拉粘结强度现场检测。

检测依据：《建筑结构加固工程施工质量验收规范》GB 50550—2010 中 10.4.2 条：加固材料（包括纤维复合材）与基材混凝土的正拉粘结强度，必须进行见证抽样检验。

检验批次：

1. 梁、柱类构件以同规格、同型号的构件为一个检验批。每批构件随机抽取的受检构件应按该批构件总数的 10% 确定，但不得少于 3 根；以每根受检构件为一检验组；每组 3 个检验点。

2. 板、墙类构件应以同种类、同规格的构件为一检验批，每批按实际粘贴、喷抹的加固材料表面积（不论粘贴的层数）均匀划分为若干区，每区 100m²（不足 100m²，按 100m²计），且每一楼层不得少于 1 区；以每区为一检验组，每组 3 个检验点。

检测类型：现场检测。

## 13.7　外粘钢板工程

检测项目：正拉粘结强度现场检测。

检测依据：《建筑结构加固工程施工质量验收规范》GB 50550—2010 中 11.4.2 条：钢板与原构件混凝土间的正拉粘结强度应符合本规范第 10.4.2 条规定的合格指标的要求。

检验批次：

1. 梁、柱类构件以同规格、同型号的构件为一个检验批。每批构件随机抽取的受检构件应按该批构件总数的 10% 确定，但不得少于 3 根；以每根受检构件为一检验组；每组 3 个检验点。

2. 板、墙类构件应以同种类、同规格的构件为一检验批，每批按实际粘贴、喷抹的加固材料表面积（不论粘贴的层数）均匀划分为若干区，每区 100m²（不足 100m²，按 100m²计），且每一楼层不得少于 1 区；以每区为一检验组，每组 3 个检验点。

检测类型：现场检测。

## 13.8　钢丝绳网片外加聚合物砂浆面层工程

### 13.8.1　聚合物砂浆

检测项目：28d 抗压强度、同条件试快。

检测依据：《建筑结构加固工程施工质量验收规范》GB 50550—2010 中 12.4.1 条：聚合物砂浆的强度等级必须符合设计要求。用于检查钢丝绳网片外加聚合物砂浆面层抗压强度的试块，应会同监理人员在拌制砂浆的出料口随机取样制作。

检验批次：

1. 同一工程每一楼层（或单层），每喷抹 500m²（不足 500m²，按 500m² 计）砂浆面层所需的同一强度等级的砂浆，其取样次数应不少于一次。若搅拌机不止一台，应按台数分别确定每台取样次数。

2. 每次取样应至少留置一组标准养护试块；与面层砂浆同条件养护的试块，其留置组数应根据实际需要确定。

取样要求：3 块 / 组。

检测类型：材料检测。

### 13.8.2 施工质量检验

检测项目：正拉粘结强度现场检测。

检测依据：《建筑结构加固工程施工质量验收规范》GB 50550—2010 中 12.5.3 条：聚合物砂浆面层与原构件混凝土间的正拉粘结强度应符合本规范第 10.4.2 条规定的合格指标的要求。

检验批次：

1. 梁、柱类构件以同规格、同型号的构件为一个检验批。每批构件随机抽取的受检构件应按该批构件总数的 10% 确定，但不得少于 3 根；以每根受检构件为一检验组；每组 3 个检验点。

2. 板、墙类构件应以同种类、同规格的构件为一检验批，每批按实际粘贴、喷抹的加固材料表面积（不论粘贴的层数）均匀划分为若干区，每区 100m²（不足 100m²，按 100m² 计），且每一楼层不得少于 1 区；以每区为一检验组，每组 3 个检验点。

检测类型：现场检测。

## 13.9 砌体或混凝土构件外加钢筋网－砂浆面层工程

### 13.9.1 砂浆

检测项目：28d 抗压强度、同条件试快。

检测依据：《建筑结构加固工程施工质量验收规范》GB 50550—2010 中 13.3.6 条：砌体或混凝土构件外加钢筋网采用普通砂浆或复合砂浆面层时，其强度等级必须符合设计要求。用于检验砂浆强度的试块，应按本规范第 12.4.1 条的规定进行取样和留置，并应按该条规定的检查数量及检验方法执行。

检验批次：

1. 同一工程每一楼层（或单层），每喷抹 500m²（不足 500m²，按 500m² 计）砂浆面层所需的同一强度等级的砂浆，其取样次数应不少于一次。若搅拌机不止一台，应按台数分别确定每台取样次数。

2. 每次取样应至少留置一组标准养护试块；与面层砂浆同条件养护的试块，其留置组数应根据实际需要确定。

取样要求：3块/组。

检测类型：材料检测。

### 13.9.2 施工质量检验

检测项目：正拉粘结强度现场检测。

检测依据：《建筑结构加固工程施工质量验收规范》GB 50550—2010 中 13.4.3 条：砂浆面层与基材之间的正拉粘结强度，必须进行见证取样检验。

检验批次：

1. 梁、柱类构件以同规格、同型号的构件为一个检验批。每批构件随机抽取的受检构件应按该批构件总数的 10% 确定，但不得少于 3 根；以每根受检构件为一检验组；每组 3 个检验点。

2. 板、墙类构件应以同种类、同规格的构件为一检验批，每批按实际粘贴、喷抹的加固材料表面积（不论粘贴的层数）均匀划分为若干区，每区 $100m^2$（不足 $100m^2$，按 $100m^2$ 计），且每一楼层不得少于 1 区；以每区为一检验组，每组 3 个检验点。

检测类型：现场检测。

## 13.10 混凝土及砌体裂缝修补工程

检测项目：灌浆质量检验。

检测依据：《建筑结构加固工程施工质量验收规范》GB 50550—2010 中 18.6.1 条：胶（浆）液固化时间达到 7d 时，应立即采用超声波法（仅用于混凝土构件）、取芯法（仅用于混凝土构件）和承水法之一进行灌注质量检验。

检验批次：超声波法：见证抽测裂缝总数的 10%，且不少于 5 条裂缝；钻芯法：同一检验批同类构件见证抽查 10%，且不少于 3 条裂缝；承水法：按合同要求确定。

检测类型：现场检测。

## 13.11 植筋工程

检测项目：锚固承载力。

检测依据：《建筑结构加固工程施工质量验收规范》GB 50550—2010 中 19.4.1 条：植筋的胶粘剂固化时间达到 7d 的当日，应抽样进行现场锚固承载力检验。

检验批次：

1. 对于重要结构构件，应按其检验批植筋总数的 3%，且不少于 5 件进行随机抽样。

2. 对于一般结构构件，应按 1%，且不少于 3 件进行随机抽样。

检测类型：现场检测。

## 13.12 锚栓工程

检测项目：锚固承载力。

检测依据：《建筑结构加固工程施工质量验收规范》GB 50550—2010 中 20.3.1 条：锚栓的安装、紧固或固化完毕后，应进行锚固承载力现场检验。

检验批次：

1. 对于重要结构构件，应在检查该检验批锚栓外观质量合格的基础上，按 GB 50550—2010 规范附录 W 中表 W.2.3 规定的抽样数量，对该检验批的锚栓进行随机抽样。

2. 对一般结构构件，可按重要结构构件抽样量的 50%，且不少于 5 件进行随机抽样。

检测类型：现场检测。

## 13.13 灌浆工程

检测项目：28d 抗压强度、同条件试块抗压强度。

检测依据：《建筑结构加固工程施工质量验收规范》GB 50550—2010 中 21.4.3 条：新增灌浆料与细石混凝土的混合料，其强度等级必须符合设计要求，用于检查其强度的试块，应在监理工程师的见证下，按本规范第 5.3.2 条的规定进行取样、制作、养护和检验。

检验批次：

1. 每拌制 50 盘（不足 50 盘，按 50 盘计）同一配比的混凝土，取样不得少于一次；

2. 每次取样应至少留置一组标准养护试块；同条件养护试块的留置数量应根据混凝土工程量及其重要性确定，且不应少于 3 组。

取样要求：100mm×100mm×100mm 或 150mm×150mm×150mm 立方体试件一组 3 块。

检测类型：材料检测。

# 14 防雷工程

## 14.1 编制依据

本章以《建筑物防雷工程施工与质量验收规范》GB 50601—2010 为主要编制依据，其他引用的编制依据如下：

1.《建筑物防雷设计规范》GB 50057—2010

2.《混凝土结构工程施工质量验收规范》GB 50204—2015

3.《数据中心基础设施施工及验收规范》GB 50462—2015

4.《低压电涌保护器 第 22 部分：电信和信号网络的电涌保护器 选择和使用导则》GB/T 18802.22—2019

5.《建筑物防雷装置检测技术规范》GB/T 21431—2015

6. 其他相关现行有效标准等

## 14.2 接地装置分项工程

检测项目：接地装置。

检测依据：《建筑物防雷工程施工与质量验收规范》GB 50601—2010：

4.1.1-2 条：接地装置的接地电阻值应符合设计文件的要求。

4.1.1-3 条：在建筑物外人员可经过或停留的引下线与接地体连接处 3m 范围内，应采用防止跨步电压对人员造成伤害的一种或多种方法如下：1）铺设使地面电阻率不小于 50kΩ·m 的 5cm 厚的沥青层或 15cm 厚的砾石层。2）设立阻止人员进入的护栏或警示牌。3）将接地体敷设成水平网格。

4.1.2-1 条：当设计无要求时，接地装置顶面埋设深度不应小于 0.5m。角钢、钢管、铜棒、铜管等接地体应垂直配置。人工垂直接地体的长度宜为 2.5m，人工垂直接地体之间的水平距离不宜小于 5m。人工接地体与建筑物外墙或基础之间的水平距离不宜小于 1m。

4.1.2-4 条：接地体的连接应采用焊接，并宜采用放热焊接（热剂焊）。当采用通用的焊接方法时，应在焊接处做防腐处理。钢材、铜材的焊接应符合下列规定：1）导体为钢材时，焊接时的搭接长度及焊接方法要求应符合表 4.1.2 的规定。2）导体为铜材与铜材或铜材与钢材时，连接工艺应采用放热焊接，焊接接头应将被连接的导体完全包在接头里，应保证连接部位的金属完全熔化，并应连接牢固。

4.2.3条：接地装置隐蔽应经检查验收合格后再覆土回填。

11.2.1-2-5条：检查整个接地网外露部分接地线的规格、防腐、标识和防机械损伤等措施。测试与同一接地网连接的各相邻设备的连接线的电气贯通状况，其间直流过渡电阻不应大于 0.2Ω。

检验批次和取样要求：全数检测。

检测类型：现场检测。

## 14.3　引下线分项工程

检测项目：引下线。

检测依据：《建筑物防雷工程施工与质量验收规范》GB 50601—2010：

5.1.1-1条：引下线的安装布置应符合现行国家标准《建筑物防雷设计规范》GB 50057的有关规定，第一类、第二类和第三类防雷建筑物专设引下线不应少于 2 根，并应沿建筑物周围均匀布设，其平均间距不应大于 12m、18m 和 25m。

5.1.1-2条：明敷的专用引下线应分段固定，并应以最短路径敷设到接地体，敷设应平正顺直、无急弯。焊接固定的焊缝应饱满无遗漏，螺栓固定应有防松零件（垫圈），焊接部分的防腐应完整。

5.1.1-3条：建筑物外的引下线敷设在人员可停留或经过的区域时，应采用下列一种或多种方法，防止接触电压和旁侧闪络电压对人员造成伤害：1）外露引下线在高 2.7m以下部分应穿不小于 3mm 厚的交联聚乙烯管，交联聚乙烯管应能耐受 100kV 冲击电压（1.2/50μs 波形）。2）应设立阻止人员进入的护栏或警示牌。护栏与引下线水平距离不应小于 3m；

5.1.1-4条：引下线两端应分别与接闪器和接地装置做可靠的电气连接。

5.1.1-5条：引下线上应无附着的其他电气线路，在通信塔或其他高耸金属构架起接闪作用的金属物上敷设电气线路时，线路应采用只埋于土壤中的铠装电缆或穿金属管敷设的导线。电缆的金属护层或金属管应两端接地，埋于土壤中的长度不应小于 10m。

5.1.1-6条：引下线安装与易燃材料的墙壁或墙体保温层间距应大于 0.1m。

5.1.2-1条：引下线固定支架应固定可靠，每个支架应能承受 49N 的垂直拉力。固定支架的高度不宜小于 150mm，固定支架应均匀，引下线和接闪导体固定支架的间距应符合表 5.1.2 的要求。

5.1.2-2条：引下线可利用建筑物的钢梁、钢柱、消防梯等金属构件作为自然引下线，金属构件之间应电气贯通。当利用钢筋混凝土内钢筋、钢柱作为自然引下线并采用基础钢筋接地体时，不宜设置断接卡，但应在室外墙体上留出供测量用的测接地电阻孔洞及与引下线相连的测试点接头。暗敷的自然引下线（柱内钢筋）的施工应符合现行国家标准《混凝土结构工程施工质量验收规范》GB 50204—2002 中第 5 章的规定。混凝土柱内钢筋，应按工程设计文件要求采用土建施工的绑扎法、螺丝扣连接等机械连接或对焊、搭焊等焊接连接。

5.1.2-3 条：当设计要求引下线的连接采用焊接时，焊接要求应符合本规范 4.1.2-4 条的规定；

5.1.2-4 条：在易受机械损伤之处，地面上 1.7m 至地面下 0.3m 的一段接地应采用暗敷保护，也可采用镀锌角钢、改性塑料管或橡胶等保护，并应在每一根引下线上距地面不低于 0.3m 处设置断接卡连接。

5.1.2-5 条：引下线不应敷设在下水管道内，并不宜敷设在排水槽沟内。

11.2.2-2-4 条：测量引下线两端和引下线连接处的电气连接状况，其间直流过渡电阻值不应大于 0.2Ω。

检验批次和取样要求：全数检测。

检测类型：现场检测。

# 14.4 接闪器分项工程

检测项目：接闪器。

检测依据：《建筑物防雷工程施工与质量验收规范》GB 50601—2010：

6.1.1-1 条：建筑物顶部和外墙上的接闪器必须与建筑物栏杆、旗帜、吊车梁、管道、设备、太阳能热水器、门窗、幕墙支架等外露的金属物进行等电位连接。

6.1.1-2 条：接闪器的安装布置应符合工程设计文件的要求，并应符合现行国家标准《建筑物防雷设计规范》GB 50057 中对不同类别防雷建筑物接闪器布置的要求。

6.1.1-3 条：位于建筑物顶部的接闪导线可按工程设计文件要求暗敷在混凝土女儿墙或混凝土屋面内。当采用暗敷时，作为接闪导线的钢筋施工应符合现行国家标准《混凝土结构工程施工质量验收规范》GB 50204—2002 中第 5 章的规定。高层建筑物的接闪器应采取明敷。在多雷区，宜在屋面拐角处安装短接闪杆。

6.1.1-5 条：接闪器上应无附着的其他电气线路或通信线、信号线，设计文件中有其他电气线和通信线敷设在通行塔上时，应符合本规范 5.1.1-5 条的规定。

6.1.2-1 条：当利用建筑物金属屋面、旗杆、铁塔等金属物做接闪器时，建筑物金属屋面、旗杆、铁塔等金属物的材料、规格应符合本规范附录 B 的有关规定。

6.1.2-2 条：专用接闪杆位置应正确，焊接固定的焊缝应饱满无遗漏，焊接部分防腐应完整。接闪导线应位置正确、平正顺直、无急弯。焊接的焊缝应饱满无遗漏，螺栓固定的应有防松零件。

6.1.2-3 条：接闪导线焊接时的搭接长度及焊接方法应符合本规范 4.1.2-4 条的规定。

6.1.2-4 条：固定接闪导线的固定支架应固定可靠，每个固定支架应能承受 49N 的垂直拉力。固定支架应均匀，并应符合本规范表 5.1.2 的要求。

11.2.3-2-1 条：检查接闪器与大尺寸金属物体的电气连接情况，其间直流过渡电阻值不应大于 0.2Ω。

检验批次和取样要求：全数检测。

检测类型：现场检测。

## 14.5 等电位连接分项工程

检测项目：等电位连接。

检测依据：《建筑物防雷工程施工与质量验收规范》GB 50601—2010：

7.1.1-1 条：除应符合本规范 6.1.1-1 条的规定，尚应按现行国家标准《建筑物防雷设计规范》GB 50057 中有关各类防雷建筑物的规定，对进出建筑物的金属管线做等电位连接。

7.1.1-2 条：在建筑物入户处应做总等电位连接。

11.2.4-2 条：等电位连接的有效性可通过等电位连接导体之间的电阻测试来确定，等电位连接带与连接范围内的金属管道等金属体末端之间的直流过渡电阻值不应大于 3Ω。

检验批次和取样要求：全数检测。

检测类型：现场检测。

## 14.6 屏蔽分项工程

检测项目：等电位连接。

检测依据：《建筑物防雷工程施工与质量验收规范》GB 50601—2010：

8.1.1-1 条：当工程设计文件要求为了防止雷击电磁脉冲对室内电子设备产生损害或干扰而需采取屏蔽措施时，屏蔽工程施工应符合工程设计文件和现行国家标准《数据中心基础设施施工及验收规范》GB 50462 的有关规定。

11.2.5-2-5 条：检查壳体的等电位连接状况，其间直流过渡电阻值不应大于 0.2Ω。

检验批次和取样要求：全数检测。

检测类型：现场检测。

## 14.7 综合布线分项工程

检测项目：等电位连接。

检测依据：《建筑物防雷工程施工与质量验收规范》GB 50601—2010：

9.1.1-3 条：低压配电系统的电线色标应符合相线采用黄、绿、红色，中线用浅蓝色，保护线用绿/黄双色线的要求。

9.2.4 条：已安装固定的线槽（盒）、桥架或金属管应与建筑物内的等电位连接带进行电气连接，连接处的过渡电阻不应大于 0.24Ω。

检验批次和取样要求：全数检测。

检测类型：现场检测。

## 14.8　电涌保护器分项工程

检测项目：电涌保护器。

检测依据：《建筑物防雷工程施工与质量验收规范》GB 50601—2010：

10.1.1–2 条：电子系统信号网格中的 SPD 的安装布置应符合工程设计文件的要求，并应符合现行国家标准《低压电涌保护器　第 22 部分：电信和信号网络的电涌保护器选择和使用导则》GB/T 18802.22 和《建筑物防雷设计规范》GB 50057 的有关规定。

10.1.2–6 条：SPD 两端连线的材料和最小截面积要求应符合本规范附录 B 中表 B.2.2 的规定。连线应短且直，总连线长度不宜大于 0.5m。

11.2.7–2 条：对主控项目和一般项目应逐项进行检查。

11.2.7–3 条：SPD 的主要性能参数测试应符合现行国家标准《建筑物防雷装置检测技术规范》GB/T 21431 第 5.8.5 条的规定。

检验批次和取样要求：全数检测。

检测类型：现场检测。

# 15 人防工程

## 15.1 编制依据

本章以《上海市民防工程防护设备质量检测管理办法》(沪民防规〔2019〕3号)和关于贯彻落实《上海市民防工程防护设备质量检测管理办法》有关工作的通知(沪民防〔2019〕85号)为主要编制依据,其他引用的编制依据如下:

1.《混凝土结构工程施工质量验收规范》GB 50204—2015
2.《通风与空调工程施工质量验收规范》GB 50243—2016
3.《风机、压缩机、泵安装工程施工及验收规范》GB 50275—2010
4.《钢结构焊接规范》GB 50661—2011
5.《人民防空工程防护设备选用图集》RFJ 01—2008
6.《人民防空工程质量验收与评价标准》RFJ 01—2015
7.《人民防空工程防护设备试验测试与质量检测标准》RFJ 04—2009
8.《国防工程施工验收规范》GJB 4315.3—2006(国人防〔2017〕271号)
9.其他相关现行有效标准

## 15.2 民防工程防护设备1(沪民防规〔2019〕3号)

### 15.2.1 生产质量检测

#### 15.2.1.1 手动钢结构门

检测项目:外形尺寸、焊缝质量、焊缝尺寸、门扇厚度偏差、面板厚度偏差。

检测依据:《上海市民防工程防护设备质量检测管理办法》(沪民防规〔2019〕3号)中第十二条:防护设备进场后建设单位应委托检测机构抽样检测,抽样率不低于20%。每批次进场防护设备抽样应涵盖所有种类及类别。民防工程防护设备生产质量检测项目按本管理办法附录一实施。

检验批次和取样要求:每批次进场的构件抽样率不低于20%。

检测类型:现场检测。

#### 15.2.1.2 钢筋混凝土门

检测项目:外形尺寸、钢筋保护层、钢筋规格、分布、混凝土强度、焊缝质量、焊缝尺寸、门扇厚度偏差、面板厚度偏差(钢包边厚度)。

检测依据:《上海市民防工程防护设备质量检测管理办法》(沪民防规〔2019〕3号)中第十二条:防护设备进场后建设单位应委托检测机构抽样检测,抽样率不低于20%。每批次进场防护设备抽样应涵盖所有种类及类别。民防工程防护设备生产质量检测项目按本管理办法附录一实施。

检验批次和取样要求:每批次进场的构件抽样率不低于20%。

检测类型:现场检测。

### 15.2.1.3 电控门

检测项目:外形尺寸、焊缝质量、焊缝尺寸、扇结构厚度偏差(门扇厚度偏差)、面板厚度偏差。

检测依据:《上海市民防工程防护设备质量检测管理办法》(沪民防规〔2019〕3号)中第十二条:防护设备进场后建设单位应委托检测机构抽样检测,抽样率不低于20%。每批次进场防护设备抽样应涵盖所有种类及类别。民防工程防护设备生产质量检测项目按本管理办法附录一实施。

检验批次和取样要求:每批次进场的构件抽样率不低于20%。

检测类型:现场检测。

### 15.2.1.4 防电磁脉冲门

检测项目:外形尺寸、焊缝质量、焊缝尺寸、扇结构厚度偏差(门扇厚度偏差)、面板厚度偏差。

检测依据:《上海市民防工程防护设备质量检测管理办法》(沪民防规〔2019〕3号)中第十二条:防护设备进场后建设单位应委托检测机构抽样检测,抽样率不低于20%。每批次进场防护设备抽样应涵盖所有种类及类别。民防工程防护设备生产质量检测项目按本管理办法附录一实施。

检验批次和取样要求:每批次进场的构件抽样率不低于20%。

检测类型:现场检测。

### 15.2.1.5 防护密闭封堵板

检测项目:外形尺寸、焊缝质量、焊缝尺寸、扇结构厚度偏差(门扇厚度偏差)、面板厚度偏差。

检测依据:《上海市民防工程防护设备质量检测管理办法》(沪民防规〔2019〕3号)中第十二条:防护设备进场后建设单位应委托检测机构抽样检测,抽样率不低于20%。每批次进场防护设备抽样应涵盖所有种类及类别。民防工程防护设备生产质量检测项目按本管理办法附录一实施。

检验批次和取样要求:每批次进场的构件抽样率不低于20%。

检测类型:现场检测。

### 15.2.1.6 阀门

检测项目:外形尺寸、焊缝质量、焊缝尺寸、管壁、阀板厚度。

检测依据:《上海市民防工程防护设备质量检测管理办法》(沪民防规〔2019〕3号)

中第十二条：防护设备进场后建设单位应委托检测机构抽样检测，抽样率不低于20%。每批次进场防护设备抽样应涵盖所有种类及类别。民防工程防护设备生产质量检测项目按本管理办法附录一实施。

检验批次和取样要求：每批次进场的构件抽样率不低于20%。

检测类型：现场检测。

### 15.2.1.7　悬摆式防爆波活门

检测项目：外形尺寸、焊缝质量、焊缝尺寸、门扇厚度偏差、面板厚度偏差、悬摆板厚度偏差。

检测依据：《上海市民防工程防护设备质量检测管理办法》（沪民防规〔2019〕3号）中第十二条：防护设备进场后建设单位应委托检测机构抽样检测，抽样率不低于20%。每批次进场防护设备抽样应涵盖所有种类及类别。民防工程防护设备生产质量检测项目按本管理办法附录一实施。

检验批次和取样要求：每批次进场的构件抽样率不低于20%。

检测类型：现场检测。

### 15.2.1.8　胶管式防爆波活门

检测项目：外形尺寸、焊缝质量、焊缝尺寸、门扇厚度偏差、面板厚度偏差。

检测依据：《上海市民防工程防护设备质量检测管理办法》（沪民防规〔2019〕3号）中第十二条：防护设备进场后建设单位应委托检测机构抽样检测，抽样率不低于20%。每批次进场防护设备抽样应涵盖所有种类及类别。民防工程防护设备生产质量检测项目按本管理办法附录一实施。

检验批次和取样要求：每批次进场的构件抽样率不低于20%。

检测类型：现场检测。

### 15.2.1.9　排气活门

检测项目：外形尺寸、阀盖或活门盘厚度。

检测依据：《上海市民防工程防护设备质量检测管理办法》（沪民防规〔2019〕3号）中第十二条：防护设备进场后建设单位应委托检测机构抽样检测，抽样率不低于20%。每批次进场防护设备抽样应涵盖所有种类及类别。民防工程防护设备生产质量检测项目按本管理办法附录一实施。

检验批次和取样要求：每批次进场的构件抽样率不低于20%。

检测类型：现场检测。

### 15.2.1.10　密闭观察窗

检测项目：外形尺寸、焊缝质量、焊缝尺寸。

检测依据：《上海市民防工程防护设备质量检测管理办法》（沪民防规〔2019〕3号）中第十二条：防护设备进场后建设单位应委托检测机构抽样检测，抽样率不低于20%。每批次进场防护设备抽样应涵盖所有种类及类别。民防工程防护设备生产质量检测项目按本管理办法附录一实施。

检验批次和取样要求：每批次进场的构件抽样率不低于20%。

检测类型：现场检测。

#### 15.2.1.11  防爆地漏

检测项目：外形尺寸。

检测依据：《上海市民防工程防护设备质量检测管理办法》（沪民防规［2019］3号）中第十二条：防护设备进场后建设单位应委托检测机构抽样检测，抽样率不低于20%。每批次进场防护设备抽样应涵盖所有种类及类别。民防工程防护设备生产质量检测项目按本管理办法附录一实施。

检验批次和取样要求：每批次进场的构件抽样率不低于20%。

检测类型：现场检测。

### 15.2.2  安装质量检测

#### 15.2.2.1  手动钢结构门

检测项目：配合尺寸、密封胶条压缩反力、漆膜厚度、漆膜附着力、垂直度、门扇启闭力、关锁操纵力。

检测依据：《上海市民防工程防护设备质量检测管理办法》（沪民防规［2019］3号）中第十六条：工程竣工验收前，建设单位应委托检测机构对安装质量进行抽样检测，抽样率不少于20%，抽样应涵盖防护门、密闭门、防护密闭门、活门、阀门、电控门、防电磁脉冲门、战时通风设备及地铁和隧道正线防护密闭门等主要设备。检测发现不合格项的，应加倍抽样检测，加倍抽样检测部分有不合格项的，应全数检测。不合格项应及时整改。

检验批次和取样要求：工程竣工验收前对安装质量进行抽样检测，抽样率不少于20%。

检测类型：现场检测。

#### 15.2.2.2  钢筋混凝土门

检测项目：配合尺寸、密封胶条压缩反力、漆膜厚度、漆膜附着力、垂直度、门扇启闭力、关锁操纵力。

检测依据：《上海市民防工程防护设备质量检测管理办法》（沪民防规［2019］3号）中第十六条：工程竣工验收前，建设单位应委托检测机构对安装质量进行抽样检测，抽样率不少于20%，抽样应涵盖防护门、密闭门、防护密闭门、活门、阀门、电控门、防电磁脉冲门、战时通风设备及地铁和隧道正线防护密闭门等主要设备。检测发现不合格项的，应加倍抽样检测，加倍抽样检测部分有不合格项的，应全数检测。不合格项应及时整改。

检验批次和取样要求：工程竣工验收前对安装质量进行抽样检测，抽样率不少于20%。

检测类型：现场检测。

#### 15.2.2.3  电控门

检测项目：配合尺寸、密封胶条压缩反力、漆膜厚度、漆膜附着力、垂直度、门扇启闭力、关锁操纵力、胶板剥离强度、开关锁时间。

检测依据：《上海市民防工程防护设备质量检测管理办法》（沪民防规［2019］3号）

中第十六条：工程竣工验收前，建设单位应委托检测机构对安装质量进行抽样检测，抽样率不少于20%，抽样应涵盖防护门、密闭门、防护密闭门、活门、阀门、电控门、防电磁脉冲门、战时通风设备及地铁和隧道正线防护密闭门等主要设备。检测发现不合格项的，应加倍抽样检测，加倍抽样检测部分有不合格项的，应全数检测。不合格项应及时整改。

　　检验批次和取样要求：工程竣工验收前对安装质量进行抽样检测，抽样率不少于20%。

　　检测类型：现场检测。

### 15.2.2.4　防电磁脉冲门

　　检测项目：配合尺寸、密封胶条压缩反力、漆膜厚度、漆膜附着力、垂直度、门扇启闭力、关锁操纵力、开关锁时间。

　　检测依据：《上海市民防工程防护设备质量检测管理办法》（沪民防规〔2019〕3号）中第十六条：工程竣工验收前，建设单位应委托检测机构对安装质量进行抽样检测，抽样率不少于20%，抽样应涵盖防护门、密闭门、防护密闭门、活门、阀门、电控门、防电磁脉冲门、战时通风设备及地铁和隧道正线防护密闭门等主要设备。检测发现不合格项的，应加倍抽样检测，加倍抽样检测部分有不合格项的，应全数检测。不合格项应及时整改。

　　检验批次和取样要求：工程竣工验收前对安装质量进行抽样检测，抽样率不少于20%。

　　检测类型：现场检测。

### 15.2.2.5　防护密闭封堵板

　　检测项目：配合尺寸、密封胶条压缩反力、漆膜厚度、漆膜附着力、垂直度。

　　检测依据：《上海市民防工程防护设备质量检测管理办法》（沪民防规〔2019〕3号）中第十六条：工程竣工验收前，建设单位应委托检测机构对安装质量进行抽样检测，抽样率不少于20%，抽样应涵盖防护门、密闭门、防护密闭门、活门、阀门、电控门、防电磁脉冲门、战时通风设备及地铁和隧道正线防护密闭门等主要设备。检测发现不合格项的，应加倍抽样检测，加倍抽样检测部分有不合格项的，应全数检测。不合格项应及时整改。

　　检验批次和取样要求：工程竣工验收前对安装质量进行抽样检测，抽样率不少于20%。

　　检测类型：现场检测。

### 15.2.2.6　阀门

　　检测项目：配合尺寸、漆膜厚度、漆膜附着力、阀板启闭力。

　　检测依据：《上海市民防工程防护设备质量检测管理办法》（沪民防规〔2019〕3号）中第十六条：工程竣工验收前，建设单位应委托检测机构对安装质量进行抽样检测，抽样率不少于20%，抽样应涵盖防护门、密闭门、防护密闭门、活门、阀门、电控门、防电磁脉冲门、战时通风设备及地铁和隧道正线防护密闭门等主要设备。检测发现不合格项的，应加倍抽样检测，加倍抽样检测部分有不合格项的，应全数检测。不合格项应及时整改。

　　检验批次和取样要求：工程竣工验收前对安装质量进行抽样检测，抽样率不少于20%。

　　检测类型：现场检测。

### 15.2.2.7　悬摆式防爆波活门

　　检测项目：配合尺寸、漆膜厚度、漆膜附着力、垂直度、门扇启闭力、关锁操纵力、悬摆板启闭力、通风面积。

检测依据：《上海市民防工程防护设备质量检测管理办法》（沪民防规［2019］3号）中第十六条：工程竣工验收前，建设单位应委托检测机构对安装质量进行抽样检测，抽样率不少于20%，抽样应涵盖防护门、密闭门、防护密闭门、活门、阀门、电控门、防电磁脉冲门、战时通风设备及地铁和隧道正线防护密闭门等主要设备。检测发现不合格项的，应加倍抽样检测，加倍抽样检测部分有不合格项的，应全数检测。不合格项应及时整改。

检验批次和取样要求：工程竣工验收前对安装质量进行抽样检测，抽样率不少于20%。

检测类型：现场检测。

### 15.2.2.8　胶管式防爆波活门

检测项目：配合尺寸、漆膜厚度、漆膜附着力、垂直度、门扇启闭力、关锁操纵力。

检测依据：《上海市民防工程防护设备质量检测管理办法》（沪民防规［2019］3号）中第十六条：工程竣工验收前，建设单位应委托检测机构对安装质量进行抽样检测，抽样率不少于20%，抽样应涵盖防护门、密闭门、防护密闭门、活门、阀门、电控门、防电磁脉冲门、战时通风设备及地铁和隧道正线防护密闭门等主要设备。检测发现不合格项的，应加倍抽样检测，加倍抽样检测部分有不合格项的，应全数检测。不合格项应及时整改。

检验批次和取样要求：工程竣工验收前对安装质量进行抽样检测，抽样率不少于20%。

检测类型：现场检测。

### 15.2.2.9　排气活门

检测项目：配合尺寸、漆膜厚度、漆膜附着力、阀盖或活门盘锁紧力、平衡锤连杆垂直度。

检测依据：《上海市民防工程防护设备质量检测管理办法》（沪民防规［2019］3号）中第十六条：工程竣工验收前，建设单位应委托检测机构对安装质量进行抽样检测，抽样率不少于20%，抽样应涵盖防护门、密闭门、防护密闭门、活门、阀门、电控门、防电磁脉冲门、战时通风设备及地铁和隧道正线防护密闭门等主要设备。检测发现不合格项的，应加倍抽样检测，加倍抽样检测部分有不合格项的，应全数检测。不合格项应及时整改。

检验批次和取样要求：工程竣工验收前对安装质量进行抽样检测，抽样率不少于20%。

检测类型：现场检测。

### 15.2.2.10　密闭观察窗

检测项目：漆膜厚度、漆膜附着力。

检测依据：《上海市民防工程防护设备质量检测管理办法》（沪民防规［2019］3号）中第十六条：工程竣工验收前，建设单位应委托检测机构对安装质量进行抽样检测，抽样率不少于20%，抽样应涵盖防护门、密闭门、防护密闭门、活门、阀门、电控门、防电磁脉冲门、战时通风设备及地铁和隧道正线防护密闭门等主要设备。检测发现不合格项的，应加倍抽样检测，加倍抽样检测部分有不合格项的，应全数检测。不合格项应及时整改。

检验批次和取样要求：工程竣工验收前对安装质量进行抽样检测，抽样率不少于20%。

检测类型：现场检测。

**15. 2. 2. 11 油网滤尘器**

检测项目：水平度、垂直度。

检测依据：《上海市民防工程防护设备质量检测管理办法》（沪民防规〔2019〕3号）中第十六条：工程竣工验收前，建设单位应委托检测机构对安装质量进行抽样检测，抽样率不少于20%，抽样应涵盖防护门、密闭门、防护密闭门、活门、阀门、电控门、防电磁脉冲门、战时通风设备及地铁和隧道正线防护密闭门等主要设备。检测发现不合格项的，应加倍抽样检测，加倍抽样检测部分有不合格项的，应全数检测。不合格项应及时整改。

检验批次和取样要求：工程竣工验收前对安装质量进行抽样检测，抽样率不少于20%。

检测类型：现场检测。

**15. 2. 2. 12 过滤吸收器**

检测项目：垂直度。

检测依据：《上海市民防工程防护设备质量检测管理办法》（沪民防规〔2019〕3号）中第十六条：工程竣工验收前，建设单位应委托检测机构对安装质量进行抽样检测，抽样率不少于20%，抽样应涵盖防护门、密闭门、防护密闭门、活门、阀门、电控门、防电磁脉冲门、战时通风设备及地铁和隧道正线防护密闭门等主要设备。检测发现不合格项的，应加倍抽样检测，加倍抽样检测部分有不合格项的，应全数检测。不合格项应及时整改。

检验批次和取样要求：工程竣工验收前对安装质量进行抽样检测，抽样率不少于20%。

检测类型：现场检测。

**15. 2. 2. 13 超压排气活门**

检测项目：平衡锤杆铅垂度。

检测依据：《上海市民防工程防护设备质量检测管理办法》（沪民防规〔2019〕3号）中第十六条：工程竣工验收前，建设单位应委托检测机构对安装质量进行抽样检测，抽样率不少于20%，抽样应涵盖防护门、密闭门、防护密闭门、活门、阀门、电控门、防电磁脉冲门、战时通风设备及地铁和隧道正线防护密闭门等主要设备。检测发现不合格项的，应加倍抽样检测，加倍抽样检测部分有不合格项的，应全数检测。不合格项应及时整改。

检验批次和取样要求：工程竣工验收前对安装质量进行抽样检测，抽样率不少于20%。

检测类型：现场检测。

**15. 2. 2. 14 防护密闭段通风管道**

检测项目：漆膜厚度、管道厚度。

检测依据：《上海市民防工程防护设备质量检测管理办法》（沪民防规〔2019〕3号）中第十六条：工程竣工验收前，建设单位应委托检测机构对安装质量进行抽样检测，抽样率不少于20%，抽样应涵盖防护门、密闭门、防护密闭门、活门、阀门、电控门、防电磁脉冲门、战时通风设备及地铁和隧道正线防护密闭门等主要设备。检测发现不合格项的，应加倍抽样检测，加倍抽样检测部分有不合格项的，应全数检测。不合格项应及时整改。

检验批次和取样要求：工程竣工验收前对安装质量进行抽样检测，抽样率不少于20%。

检测类型：现场检测。

### 15.2.3 防护性能检测

#### 15.2.3.1 手动钢结构门

检测项目：密闭性能。

检测依据：《上海市民防工程防护设备质量检测管理办法》（沪民防规［2019］3号）中第二十条：民防工程防护性能检测是指建设单位委托检测机构对包括工程气密性、通风系统及工程主体结构性能进行的检测。工程气密性检测包括工程主体气密性检测及工程局部（工程口部、密闭通道）气密性检测。

检验批次和取样要求：工程竣工验收前，工程主体气密性检测可根据需要实施。工程局部气密性检测实行抽样检测，抽样率不少于20%，抽样应每个防护单元不少于1处。

检测类型：现场检测。

#### 15.2.3.2 钢筋混凝土门

检测项目：密闭性能。

检测依据：《上海市民防工程防护设备质量检测管理办法》（沪民防规［2019］3号）中第二十条：民防工程防护性能检测是指建设单位委托检测机构对包括工程气密性、通风系统及工程主体结构性能进行的检测。工程气密性检测包括工程主体气密性检测及工程局部（工程口部、密闭通道）气密性检测。

检验批次和取样要求：工程竣工验收前，工程主体气密性检测可根据需要实施。工程局部气密性检测实行抽样检测，抽样率不少于20%，抽样应每个防护单元不少于1处。

检测类型：现场检测。

#### 15.2.3.3 电控门

检测项目：密闭性能。

检测依据：《上海市民防工程防护设备质量检测管理办法》（沪民防规［2019］3号）中第二十条：民防工程防护性能检测是指建设单位委托检测机构对包括工程气密性、通风系统及工程主体结构性能进行的检测。工程气密性检测包括工程主体气密性检测及工程局部（工程口部、密闭通道）气密性检测。

检验批次和取样要求：工程竣工验收前，工程主体气密性检测可根据需要实施。工程局部气密性检测实行抽样检测，抽样率不少于20%，抽样应每个防护单元不少于1处。

检测类型：现场检测。

#### 15.2.3.4 防电磁脉冲门

检测项目：密闭性能。

检测依据：《上海市民防工程防护设备质量检测管理办法》（沪民防规［2019］3号）中第二十条：民防工程防护性能检测是指建设单位委托检测机构对包括工程气密性、通风系统及工程主体结构性能进行的检测。工程气密性检测包括工程主体气密性检测及工程局部（工程口部、密闭通道）气密性检测。

检验批次和取样要求：工程竣工验收前，工程主体气密性检测可根据需要实施。工程局部气密性检测实行抽样检测,抽样率不少于20%,抽样应每个防护单元不少于1处。

检测类型:现场检测。

### 15.2.3.5　防护密闭封堵板

检测项目:密闭性能。

检测依据:《上海市民防工程防护设备质量检测管理办法》(沪民防规〔2019〕3号)中第二十条:民防工程防护性能检测是指建设单位委托检测机构对包括工程气密性、通风系统及工程主体结构性能进行的检测。工程气密性检测包括工程主体气密性检测及工程局部(工程口部、密闭通道)气密性检测。

检验批次和取样要求:工程竣工验收前,工程主体气密性检测可根据需要实施。工程局部气密性检测实行抽样检测,抽样率不少于20%,抽样应每个防护单元不少于1处。

检测类型:现场检测。

### 15.2.3.6　阀门

检测项目:密闭性能。

检测依据:《上海市民防工程防护设备质量检测管理办法》(沪民防规〔2019〕3号)中第二十条:民防工程防护性能检测是指建设单位委托检测机构对包括工程气密性、通风系统及工程主体结构性能进行的检测。工程气密性检测包括工程主体气密性检测及工程局部(工程口部、密闭通道)气密性检测。

检验批次和取样要求:工程竣工验收前,工程主体气密性检测可根据需要实施。工程局部气密性检测实行抽样检测,抽样率不少于20%,抽样应每个防护单元不少于1处。

检测类型:现场检测。

### 15.2.3.7　排气活门

检测项目:动力性能曲线、通风量(风压、风量)、阀盖或活门盘启动压力、密闭性能。

检测依据:《上海市民防工程防护设备质量检测管理办法》(沪民防规〔2019〕3号)中第二十条:民防工程防护性能检测是指建设单位委托检测机构对包括工程气密性、通风系统及工程主体结构性能进行的检测。工程气密性检测包括工程主体气密性检测及工程局部(工程口部、密闭通道)气密性检测。

检验批次和取样要求:工程竣工验收前,工程主体气密性检测可根据需要实施。工程局部气密性检测实行抽样检测,抽样率不少于20%,抽样应每个防护单元不少于1处。

检测类型:现场检测。

### 15.2.3.8　密闭观察窗

检测项目:密闭性能。

检测依据:《上海市民防工程防护设备质量检测管理办法》(沪民防规〔2019〕3号)中第二十条:民防工程防护性能检测是指建设单位委托检测机构对包括工程气密性、通风系统及工程主体结构性能进行的检测。工程气密性检测包括工程主体气密性检测及工程局部(工程口部、密闭通道)气密性检测。

检验批次和取样要求：工程竣工验收前，工程主体气密性检测可根据需要实施。工程局部气密性检测实行抽样检测，抽样率不少于 20%，抽样应每个防护单元不少于 1 处。

检测类型：现场检测。

### 15.2.3.9 风机

检测项目：振动速度。

检测依据：《上海市民防工程防护设备质量检测管理办法》（沪民防规〔2019〕3 号）中第二十条：民防工程防护性能检测是指建设单位委托检测机构对包括工程气密性、通风系统及工程主体结构性能进行的检测。工程气密性检测包括工程主体气密性检测及工程局部（工程口部、密闭通道）气密性检测。

检验批次和取样要求：工程竣工验收前，通风系统检测实行全数检测。

检测类型：现场检测。

### 15.2.3.10 防护通风系统

检测项目：清洁风量、滤毒风量、防护段通风管道气密性。

检测依据：《上海市民防工程防护设备质量检测管理办法》（沪民防规〔2019〕3 号）中第二十条：民防工程防护性能检测是指建设单位委托检测机构对包括工程气密性、通风系统及工程主体结构性能进行的检测。工程气密性检测包括工程主体气密性检测及工程局部（工程口部、密闭通道）气密性检测。

检验批次和取样要求：工程竣工验收前，通风系统检测实行全数检测。

检测类型：现场检测。

## 15.3 民防工程防护设备 2（沪民防〔2019〕85 号）

### 15.3.1 生产质量检测

#### 15.3.1.1 钢结构门

检测项目：外形尺寸、焊缝质量、门扇厚度偏差、面板厚度偏差、型材厚度。

检测依据：《上海市民防工程防护设备质量检测管理办法》（沪民防〔2019〕85 号）中第三章防护设备质量检测工作要求及产品进场抽检：防护设备产品进场后的产品质量抽样检测应按《防护设备生产质量抽检项目/参数表》内容实施。其中人防门类（含手动钢结构门、钢筋混凝土门、防爆波活门等）防护设备生产质量实行现场检测、实行见证取样、现场抽检或送检，抽样率不少于 20%。

检验批次和取样要求：防护设备产品进场后，抽样率不少于 20%。

检测类型：现场检测。

#### 15.3.1.2 钢筋混凝土门

检测项目：外形尺寸、混凝土强度、门扇厚度偏差、型材厚度。

检测依据：《上海市民防工程防护设备质量检测管理办法》（沪民防〔2019〕85 号）中

第三章防护设备质量检测工作要求及产品进场抽检：防护设备产品进场后的产品质量抽样检测应按《防护设备生产质量抽检项目／参数表》内容实施。其中人防门类（含手动钢结构门、钢筋混凝土门、防爆波活门等）防护设备生产质量实行现场检测、实行见证取样、现场抽检或送检，抽样率不少于20%。

检验批次和取样要求：防护设备产品进场后，抽样率不少于20%。

检测类型：现场检测。

### 15.3.1.3 悬摆式防爆波活门

检测项目：外形尺寸、焊缝质量、门扇厚度偏差、悬摆板厚度偏差、型材厚度。

检测依据：《上海市民防工程防护设备质量检测管理办法》（沪民防〔2019〕85号）中第三章防护设备质量检测工作要求及产品进场抽检：防护设备产品进场后的产品质量抽样检测应按《防护设备生产质量抽检项目／参数表》内容实施。其中人防门类（含手动钢结构门、钢筋混凝土门、防爆波活门等）防护设备生产质量实行现场检测、实行见证取样、现场抽检或送检，抽样率不少于20%。

检验批次和取样要求：防护设备产品进场后，抽样率不少于20%。

检测类型：现场检测。

### 15.3.1.4 密闭阀门

检测项目：外形尺寸、管壁、阀板厚度、密闭性能、阀板启闭力。

检测依据：《上海市民防工程防护设备质量检测管理办法》（沪民防〔2019〕85号）中第三章防护设备质量检测工作要求及产品进场抽检：防护设备产品进场后的产品质量抽样检测应按《防护设备生产质量抽检项目／参数表》内容实施。其中人防门类（含手动钢结构门、钢筋混凝土门、防爆波活门等）防护设备生产质量实行现场检测、实行见证取样、现场抽检或送检，抽样率不少于20%。

检验批次和取样要求：防护设备产品进场后，抽样率不少于20%。

检测类型：现场检测。

### 15.3.1.5 排气活门

检测项目：外形尺寸、密闭性能。

检测依据：《上海市民防工程防护设备质量检测管理办法》（沪民防〔2019〕85号）中第三章防护设备质量检测工作要求及产品进场抽检：防护设备产品进场后的产品质量抽样检测应按《防护设备生产质量抽检项目／参数表》内容实施。其中人防门类（含手动钢结构门、钢筋混凝土门、防爆波活门等）防护设备生产质量实行现场检测、实行见证取样、现场抽检或送检，抽样率不少于20%。

检验批次和取样要求：防护设备产品进场后，抽样率不少于20%。

检测类型：现场检测。

### 15.3.1.6 防爆地漏

检测项目：外形尺寸。

检测依据：《上海市民防工程防护设备质量检测管理办法》（沪民防〔2019〕85号）中

第三章防护设备质量检测工作要求及产品进场抽检：防护设备产品进场后的产品质量抽样检测应按《防护设备生产质量抽检项目/参数表》内容实施。其中人防门类（含手动钢结构门、钢筋混凝土门、防爆波活门等）防护设备生产质量实行现场检测、实行见证取样、现场抽检或送检，抽样率不少于20%。

检验批次和取样要求：防护设备产品进场后，抽样率不少于20%。

检测类型：现场检测。

### 15.3.2 安装质量检测

#### 15.3.2.1 钢结构门

检测项目：配合尺寸、垂直度、门扇启闭力、关锁操纵力。

检测依据：《上海市民防工程防护设备质量检测管理办法》（沪民防〔2019〕85号）中第三章防护设备质量检测工作要求及竣工验收检测：民防工程竣工验收前的防护性能检测应按《防护性能检测项目/参数表》内容实施。其中主体结构性能检测抽样率不少于20%。

检验批次和取样要求：工程竣工验收前对安装质量进行抽样检测，抽样率不少于20%。

检测类型：现场检测。

#### 15.3.2.2 钢筋混凝土门

检测项目：配合尺寸、垂直度、门扇启闭力、关锁操纵力。

检测依据：《上海市民防工程防护设备质量检测管理办法》（沪民防〔2019〕85号）中第三章防护设备质量检测工作要求及竣工验收检测：民防工程竣工验收前的防护性能检测应按《防护性能检测项目/参数表》内容实施。其中主体结构性能检测抽样率不少于20%。

检验批次和取样要求：工程竣工验收前对安装质量进行抽样检测，抽样率不少于20%。

检测类型：现场检测。

#### 15.3.2.3 悬摆式防爆波活门

检测项目：配合尺寸、门扇启闭力、悬摆板启闭力。

检测依据：《上海市民防工程防护设备质量检测管理办法》（沪民防〔2019〕85号）中第三章防护设备质量检测工作要求及竣工验收检测：民防工程竣工验收前的防护性能检测应按《防护性能检测项目/参数表》内容实施。其中主体结构性能检测抽样率不少于20%。

检验批次和取样要求：工程竣工验收前对安装质量进行抽样检测，抽样率不少于20%。

检测类型：现场检测。

#### 15.3.2.4 防护通风系统

检测项目：防护密闭段通风管道厚度、防护段通风管道气密性、清洁风量、油网滤尘器、过滤吸收器、风机振动速度、排气活门平衡锤杆铅垂度。

检测依据：《上海市民防工程防护设备质量检测管理办法》（沪民防〔2019〕85号）中第三章防护设备质量检测工作要求及竣工验收检测：民防工程竣工验收前的防护性能检测应按《防护性能检测项目/参数表》内容实施。其中通风系统实行全数检测。

检验批次和取样要求：工程竣工验收前对安装质量进行全数检测。

检测类型：现场检测。

### 15.3.3 防护性能检测

检测项目：密闭性能。

检测依据：《上海市民防工程防护设备质量检测管理办法》（沪民防〔2019〕85号）中第三章防护设备质量检测工作要求及竣工验收检测：民防工程竣工验收前的防护性能检测应按《防护性能检测项目/参数表》内容实施，其中工程局部气密性检测抽样率不少于20%。

检验批次和取样要求：1. 按单位工程防毒通道和密闭通道总数量的20%（余数递增且不少于一个）计算确定抽检数量并随机抽取；2. 防毒通道或密闭通道密闭性能检测应对靠近清洁区侧密闭门实施。

检测类型：现场检测。

## 15.4 工程主体结构性能

### 15.4.1 混凝土主体结构

检测项目：混凝土抗压强度。

检测依据：《上海市民防工程防护设备质量检测管理办法》（沪民防规〔2019〕3号）中第二十条：民防工程防护性能检测是指建设单位委托检测机构对包括工程气密性、通风系统及工程主体结构性能进行的检测。

检验批次和取样要求：工程主体结构性能检测实行抽样非破损检测，抽样率不少于20%，抽样应覆盖所有工程构件。

检测类型：现场检测。

### 15.4.2 门框墙混凝土结构

检测项目：门框墙混凝土抗压强度。

检测依据：《上海市民防工程防护设备质量检测管理办法》（沪民防〔2019〕85号）中第三章防护设备质量检测工作要求及竣工验收检测：民防工程竣工验收前的防护性能检测应按《防护性能检测项目/参数表》内容实施。其中主体结构性能检测抽样率不少于20%。

检验批次和取样要求：1. 按单位工程防护单元总数量的20%（余数递增且不少于一个）计算确定防护单元抽检数量并随机抽取；2. 对抽检防护单元内防护密闭门门框墙、密闭门门框墙混凝土强度实行全数检测。

检测类型：现场检测。

# 16 园 林 工 程

## 16.1 编制依据

本章以《园林绿化工程施工及验收规范》CJJ 82—2012 为主要编制依据,其他引用的编制依据如下:

1.《园林绿化工程施工质量验收标准》DG/TJ 08—701—2020

2.《绿化种植土壤》CJ/T 340—2016

3.《农田灌溉水质标准》GB 5084—2021

4.其他相关现行有效标准

## 16.2 栽植土

### 16.2.1 栽植土1

检测项目:pH 值、全盐量、容重、有机质、块径。

检测依据:《园林绿化工程施工及验收规范》CJJ 82—2012 中 4.1.3-6 条:栽植土应见证取样,经有资质检测单位检测并在栽植前取得符合要求的测试结果。

检验批次:每 500m³ 或 2000m² 为一检验批,每批取样不少于一组。

取样要求:5kg/组。

检测类型:材料检测。

备注:1.栽植土包括客土、原土利用、栽植基质等。

2.见证取样送样,委托单备注取样点、取样深度、取样时间等信息。

### 16.2.2 栽植土2

检测项目:pH 值、EC 值、有机质、质地、土壤入渗率。

检测依据:《园林绿化工程施工质量验收标准》DG/TJ 08—701—2020 中 4.2.1-2 条:绿化栽植或播种前应对该地区栽植土进行取样送样检测,栽植土的技术指标、取样送样以及检测方法应符合《绿化种植土壤》CJ/T 340 的规定。

检验批次:一般每 2000m² 采一个样,至少由 5 个取样点组成;小于 2000m² 按一个样品计;绿化面积大于 30000m² 可以根据现场实际情况适当放宽采样密度,取样点相应增加;土质不均匀适当增加取样密度。

取样要求：5kg/组。

检测类型：材料检测。

备注：见证取样送样，委托单备注取样点、取样深度、取样时间等信息。

## 16.3 关系到植物成活的水

检测项目：pH 值、水温、悬浮物、五日生化需氧量、化学需氧量、阴离子表面活性剂、氯化物、硫化物、全盐量、总铅、总镉、铬（六价）、总汞、总砷、粪大肠菌群数、蛔虫卵数。

检测依据：《园林绿化工程施工及验收规范》CJJ 82—2012 中 6.1.2-7 条：关系到植物成活的水、土、基质，涉及结构安全的试块、试件及有关材料，应按规定进行见证取样检测。

检验批次：不同水源至少检测 1 次。

取样要求：5L/组。

检测类型：材料检测。

## 16.4 涉及结构安全的试块、试件及有关材料

检测项目：按《混凝土结构工程施工质量验收规范》GB 50204—2015 的有关规定执行。

检测依据：《园林绿化工程施工及验收规范》CJJ 82—2012 中 6.1.2-7 条：关系到植物成活的水、土、基质，涉及结构安全的试块、试件及有关材料，应按规定进行见证取样检测。

检验批次：按《混凝土结构工程施工质量验收规范》GB 50204—2015 的有关规定执行。

取样要求：按《混凝土结构工程施工质量验收规范》GB 50204—2015 的有关规定执行。

检测类型：材料检测。